现代室内设计创意丛书之四

现代室内软装饰设计

范业闻　编著

同济大学 出版社
TONGJI UNIVERSITY PRESS

图书在版编目（CIP）数据

现代室内软装饰设计/范业闻编著. 一上海：同
济大学出版社，2011.10（2016.12重印）
（现代室内风格设计创意丛书/孔键主编）
ISBN 978-7-5608-4674-3

I.①现… II.①范… III.①室内装饰设计 IV.
① TU238

中国版本图书馆CIP数据核字（2011）第185377号

现代室内软装饰设计

范业闻　编著

责任编辑 黄国新　　责任校对 徐春莲　　封面设计 范业闻

出　版	同济大学出版社　　www.tongjipress.com.cn
发　行	（上海四平路1239号　邮编200092　电话021-65985622）
经　销	全国各地新华书店
印　刷	常熟市华顺印刷有限公司
开　本	787mm×960mm　1/16
印　张	7.5
印　数	5301 — 6400
字　数	150000
版　次	2011年10月第1版　2016年12月第4次印刷
书　号	ISBN 978-7-5608-4674-3

定　价　38.00元

序

　　"以人为本"、"以自然为源"是21世纪室内环境设计的基本理念。所谓"以人为本"，就是我们平时所说的"人性化"设计，宗旨是要把同时满足人们物质生活和精神生活的需求，作为我们设计的目标。所谓"以自然为源"，是指我们的设计要"取于自然"、"融于自然"，要把保护环境、促进人与环境的和谐发展，作为重要任务。在这样的大背景下，现代室内设计中的软装饰便应运而生。

　　软装饰是将过去主要用钢筋、水泥、砖块、石头等硬性材料进行室内装修，改为重点用纺织品、植物、工艺品等软性材料或通过各种构图手法进行室内装饰。显然，软装饰的材质、形态、肌理、色彩、图形、纹饰与硬性材料相比，更能够与人亲近，更容易与人进行"感情"上的交流，更有利于人们营造一种温馨、柔和、舒适的生活环境，促成人与环境的共融发展，加上现代科学技术的介入，许多软装饰材料具有柔软、弹性、轻质、透气、吸湿、放湿、保暖、抗菌、防臭等功能，有助于促进人们的身体健康。因此，在现代环境设计中，软装饰的快速发展应该是顺理成章的事情。

　　范业闻同志是一位外秀内慧、才貌双全的设计师，开始在上海金融学院艺术设计专业任讲师，后又被特聘到室内设计部门从事创作设计，她应出版社的诚邀，将自己多年来在教学、设计第一线积累的实践经验及资料，吸收国际上先进的设计理念、成果，撰写了这本反映室内软装饰设计原理、原则、方法的专著，可以说为室内设计填补了一项空白，本人特此郑重推荐给广大读者。

　　本书在写作上通俗易懂，图文并茂，可作为有关大专院校建筑、环境、艺术设计专业的教学辅导教材，也可供工程设计人员参考，还可给普通老百姓进行家居装饰时使用。

中国建筑学会室内设计分会专家委员会主任

上海市建筑装饰与装修协会名誉会长

同济大学建筑系教授、博士生导师

2011年8月20日

前　言

随着我国国民经济持续、高速的发展，国人生活水准不断提高，对居住质量的要求越来越高，人们不再满意菜单式的装修，希望室内设计特别是住宅设计要有一定深度，使自己的居住环境向着"个性化、人文化、舒适化"的方向发展。在这样的背景下，"软装饰"的理念应运而生。软装饰是建筑内部固定界面装饰和功能性装修后，室内设计必不可缺的组成部分，有其特有的人文方面的特征，它是营造室内文化的标志。

软装饰艺术于20世纪20年代在欧洲逐步兴起，其时建筑界提倡后现代主义风格的人，对现代风格中纯理性主义的倾向，特别是对现代风格中反对装饰的平淡化展开了猛烈的抨击。他们认为建筑及装饰具有历史的延续性，时下需要探索创新的造型手法，在室内设计中形成一种融感性与理性、集传统与现代、揉大众与行家于一体的建筑形象与室内环境，正是在这时候，建筑行业中萌生了软装饰。经过10年发展，西方的软装饰于20世纪30年代形成了声势颇大的装饰艺术。但在第二次世界大战时软装饰艺术不再流行，到20世纪60年代后期又重新引起了人们的注意，并获得了复兴，到现阶段软装饰艺术已经到了日臻成熟、完美的程度。

中国的室内装饰艺术源远流长，早在远古时代人们就在居住的洞穴中用绘制岩画的方式来表达对生命和生活的美好愿望与祈求。在新时器时代的遗址中，现留存着修饰精细、坚硬美观的红色烧土地面，说明即使在人类建筑活动的初始阶段，就开始在居室内对"使用和气氛"给予了关注。中国古代的室内居室设计技术在东晋开始出现，唐代已十分盛行，到宋代发展到顶峰。20世纪30年代西方的软装饰艺术开始流入中国，当时上海的一些著名建筑，如老锦江饭店、和平饭店就出现了一些精美且富有文化内涵的软装饰图形。

在漫长的历史长河中，祖先给我们创造了无数珍贵的文化遗产，无论古代还是现代，无论东方还是西方，建筑领域都产生过璀璨的艺术流派和设计风格，对我们的生活长时期地产生着很大影响，同时也渗透到我们现代的室内设计中。

到了今天，随着改革、开放政策的推动，我国经济高速发展，国内外艺术文化交流日益频繁，人们对物质生活和精神生活方面都有更大需求。人们在居住建筑中追求独立、私密、优质、丰富的室内意识愈加强烈，对居住和工作环境的装饰品位要求不断提高，特别反对居室"千家一面"。于是，建筑设计人员设法从不同角度对软装饰体系的环境功能加以利用，努力把原来冷漠、生硬、单调的室内环境通过装饰设计变成富有个性的、充满变化的、有美意感的舒适空间，让软装饰走进千家万户。

社会的需要，实践的积累，为软装饰理论和技术水平的提高奠定了基础。在新的形势下，积极推动软装饰的发展便是本书出版的初衷。

目 录

第一章

软装饰的基本概念

第一节 软装饰的涵义

何谓"软装饰"？

从狭义上讲，以室内纺织品为主的软性材料，如棉、毛、丝、麻制作的床上用品、地毯、窗帘、家具蒙面织物、各种工艺品、观赏品，以及包括麦秆、草茎、细竹、塑料、金属等非纺织纤维制成的建筑装饰品，可称软装饰。

从广义上讲，相对于室内硬装修，即以硬性材料，诸如砂石、水泥、木材、玻璃、石膏、混凝土、金属器物等进行室内装修，所制作成的壁面、门窗、衣柜、床架、隔墙、橱柜等固定物件，除此以外，室内一切可以移动的装饰物，包括织物、植栽、家具，以及通过色彩、光影、线形等构图手法形成的装饰，都可称软装饰。

不论是狭义说，还是广义说，软装饰在环境设计中的目的：一方面是要兑现本身的实用功能；另一方面是要通过软装饰"异化环境，柔化环境，美化环境"，要同时满足人们在物质生活和精神生活上的需求，并体现人们对人生价值观和审美观的追求。

第二节 软装饰与硬装修的比较

软装饰与硬装修在总体目标上是一致的，设计师必须运用现代物质技术手段和建筑美学原理，创造功能合理、舒适美观、安全可靠，能满足人们物质和精神生活需要的室内空间环境。但它们之间又有区别。

软装饰与硬装修相比，软装饰具有以下三个方面的特点：

第一，多样性和情趣性

当您去参观一个新居，往往最引起您注意或欣赏的，也许不是巨大的浴缸、打造精美的橱柜，而是新居中的窗帘、沙发，地毯，甚至是一个画面、一幅楹联、一对古瓷或是居室的色彩、光影。为什么？因为要使室内出彩，主要依靠的是软装饰。软装饰所用的材料、色彩、图案具有多样性的特点。软装饰作为室内可移动的软性装饰物，类别多样，从门类上可以分为：织物装饰、植栽装饰、光影装饰、色彩装饰、线形装饰、图案装饰等，见图1-1至图1-4。而这些装饰往往不是单独使用，而是组合使用。比如，要营造一个卧室的室内环境，当然主角是织物装饰，床品、窗帘、靠垫的材料、形态、质地、性能十分重要，但是如果它们的色彩很乱，这个环境肯定十分糟糕。这说明在营造环境时，运用颜色对比来点缀或烘托整体氛围是很能出彩的。卧室中窗帘、床品、地毯的色彩走向往往是环境的一条主线，而小巧精美的靠垫、靠枕，则是亮色的迸发点。当然要把卧室打扮好，光影、植栽都不能少。

而硬装修在多样性、情趣性方面有它的先天不足，由于它所受制约比较多，如造价上的原因或是受房型结构的影响，通常很难改变。另外，在材料性能上，硬装一般显得比较冷漠，就使它缺乏情趣。

图1-1　织物装饰实例

图1-2　植栽装饰实例

图1-3　光影装饰实例

图1-4　图案装饰实例

第二，多变性和经济性

软装饰选择性多，耗费较少，可以随意变动，这是软装饰的另一个特点。居室主人可以根据室内空间的大小形状、自己的生活习惯、兴趣爱好和各自的经济情况，从整体上综合策划软装饰设计方案，将纺织品、工艺品、收藏品、灯具、花艺、植物、字画等任意组合，过一段时间感到装饰陈旧、发现已过时了，或突发奇想要尝试另一种搭配，那么就不必花很多钱使室内重新装饰或更换家具，而是采用另类软装饰就能使室内呈现出崭新的面貌，给人以鲜活的感

3

觉。因而有人曾形象地将"软装饰"比喻成能够"软化空间，让人们回归本源的精灵"。在环境设计中，有了新颖的奇思妙想加上懂得一点章法，一定会使"软装饰"出挑。有了凝聚主人心血的"软装饰"，才不至于使装饰出现"千家一面"的尴尬，而经济上开支又很划算。

第三，整体性和协调性

室内装饰中软装饰和硬装修的目的在整体上是一致的，而对于具体一个空间来说，硬装修究竟要搞多少？软装饰搞多少？应该从整体风格出发，不能定得很死，两者必须加以协调。如果硬装修过多，往往会使后期软装饰的东西进不去，室内环境被限死。软装饰重要的是设计好调子，室内整体色调与风格一般已经在做硬装修时大体上确定了下来，软装饰可以做局部调整、点缀，但不能破坏整体效果，这是软装饰设计的一个基本原则。居室设计的完整性是不能单纯依靠硬装修来体现的，应当在设计之初就要做全盘把握，控制硬装修的投入，避免不必要的浪费。在室内设计中总的是硬装修要少投入，软装修饰要多考虑，这是室内软装饰区别于硬装修的第三个特点。

对于室内装饰来说，软装饰是硬装修的延续，"软装饰"和"硬装修"既相互联系又相互制约。在现代的装饰设计中，砂石、水泥、木材、石膏、瓷砖、玻璃等建筑材料和棉毛丝麻等纺织品不但相互交叉、彼此渗透，有时还可以相互替代。比如，一个大房间要相隔，既可以用木板分隔，这是"硬装"；也可以用布艺或植栽相隔，这就是"软装"。再如对于房顶的装饰，人们过去往往拘泥于采用木制、石

图 1-5 房顶上丝绸拉膜别具一格

膏这些硬装修材料。实际上，用丝织品在室内的上部空间做一个拉膜，拉出一个优美的弧面，不仅会起到异化空间的效果，还会有神秘感渗出，成为整个房间的亮点，见图1-5。

第三节 软装饰是室内环境设计的灵魂

建筑设计师和结构工程师对一个建筑物进行概念设计、初步设计、扩大设计、结构设计、结构计算并通过工程的概预算后，再施工，最后形成的只是建筑物的"外壳"。这个"外壳"可以确定建筑室内的空间及功能划分，但是它仍然是一个"空壳"，一个由水泥、木材、石料、砖块、玻璃等材料组成的"硬壳"。它坚硬、冷漠、冰凉、缺乏"感情"色彩，没有一点"家"的感受，显然不适合现代人生活、居住。"家"是因为有了各类饰物，才有了灵性；有了色彩，才让人们为之驻足、为之奋斗。因此，要营造家居氛围，软装饰绝对是不可少的。

现代人十分重视居住环境，要体现自身的价值，展现自己在风格、品位、习俗以及精神上的追求，展示自己的审美情趣，并要有利于对家庭成员在健康上的保护，为此对室内软装饰有很迫切的期待。因为采用"软装饰"能使室内环境呈现出审美情趣，可以更加合理地组织室内空间，同时通过对软装饰材料及其色彩、图案的选择来塑造个人的居住风格、品位，化解建筑物坚硬、冷漠、冰凉的感觉，使居住者与建筑空间、室内环境进行"感情"交流。

现代人企盼着悠闲的自然境界，强烈地寻求个性的舒展，在繁忙的工作之余，期待着回到大自然的怀抱，在那里无拘无束、自由自在地生活、休息，软装饰所承载的文化符号和信息，使室内空间充满了柔和与生机、亲切和活力，使室内散发出文化气息。总之，一定要打理好软装饰，家才会产生有了"灵魂"的感觉。

第二章

软装饰的主要类别——织物装饰

织物装饰俗称布艺，即纺织品装饰，主要是指使用穿梭类织物，如棉织品、麻织品、丝织品、毛织品，各类纤维制品，通过其纤维织品所完成的室内装饰工程。

第一节 织物装饰的魅力

随着生活水准的提高，人们对室内装饰已不再满足于追求豪华和重复别人的样式，一种更为理性的装饰观念——"硬轻装，软重装"，"基础装修为次，陈设装饰为主"正在逐步形成，成为表现现代人个性及品位的一种流行时尚。特别是居家装饰，许多有识之士现在认为必须打造一个富有"表情"的家，不但用以彰显气度，还要赋予"家"以独特的生命力。一个懂得生活、追求时尚的人，一定会巧用各种各样的心思，将"家"装扮出万般风情，展露出与众不同的魅力，以使"家"具有别家所没有的格调与个性，使"家"的品质通过软装饰得到提升。

而织物装饰（简称布艺），则是软装饰中最好的"武器"，它品质优异、种类特多、价格适中，而且几乎无所不能，可以被用到家居的各个方面，无论是散落于桌间的杯垫，还是斜靠在沙发的抱枕，都可以营造出优雅或可爱的味道。布艺不仅具有时尚的元素，能在瞬间平添几分情调，让人流连依恋，同时作为守护"家"的使者，它才是居室中真正的脸面表情。囿于布艺的情感作用，家的气氛会变得温情而柔软，甚至室内空间生硬的线条也会被融化。因而现代人总是设法通过对布艺的运用，化平淡为神奇，以或娇艳、或时尚、或妩媚、或温情的轻纱帷幔作为他们装饰"家居"的精灵，将这里打造成令人耳目一新的"温柔梦乡"，见图2-1。

图2-1 软装饰是室内环境设计的灵魂

第二节 织物装饰的材质功能

织物装饰具有其他装饰无法具备的优越性能，主要是：

一、质地柔软 利于融合环境

现代室内设计将"以自然为源"、"以人为本"，把同时满足人们对物质生活和精神生活的需求，作为自己的既定目标。室内设计总是希望通过各种装饰手段，使室内环境呈现出一种同自然界一样的肌理和色彩。这种做法符合人们在心理和生理上的价值取向。

织物一般质地柔软，手感舒适，易于产生温暖感，使人亲近，而天然纤维如棉、毛、麻、丝等织物来源于自然，更易于创造富于"人情味"的自然空间，从而缓和现代室内空间使用钢铁、水泥、玻璃等硬性材料带来的缺乏"人情味"的生硬感，而起到柔化亲和空间的作用，见图2-2。流行色、流行花样、表现技法，还有众多与大自然相关的创作主题，如高山流水、热带丛林、原始文化、非洲木雕、海底世界、民族遗风、动物世界等，都是进行室内织物装饰设计的素材源泉。室内纺织品轻盈、透光、安全、柔性的特点使其便于造型、便于营造气氛、便于融合周围环境，尤其适宜用作室内各种吊物的材质，无论顶棚垂吊、房梁与顶架的灯曼、窗上垂吊、铺张悬饰、单吊与

图2-2　织物柔软，手感舒适，富有"人情味"

群吊、线吊与圈吊等，均会显示出室内纺织品的材质功能。简洁或丰富的摺痕，单纯或雅致的大块色彩都能营造出自然空间的文化气息。即使靠垫这一些室内环境中最易于变化的小面积色彩，同样可极致地发挥着软装饰的作用：在软床上靠枕而躺，在地板上倚垫而坐，在沙发上抱俯相思，当你把僵硬的身体裹进柔软的舒适中，那种柔柔的感觉对忙忙碌碌的上班族和风尘仆仆的旅人来说，就是一种切实的文化体验——最舒适、最温暖的莫过于这个"家"了。

二、富有"情感"　利于人物对话

人与室内环境的接触，是人与外界最为直接的最多的接触。毫无疑问，室内纺织品具有人在室内空间生活中必需的功能性作用，如遮蔽、保暖、调节光线、吸音、吸湿等。但更值得关注的是，织物具有一定的情感表象，能很自然地与人之间建立一种亲密关系。实际上，因为纺织品独特的材质、肌理和花色，天生就具备了较其他材料更容易与人产生对话、与人"感情"交流的条件。这些条件通过人的视觉、触觉等生理和心理的感受而存在并体现其价值。

图2-3 织物线条曲直能给人优美的感觉

比如，触觉的柔软感使人感到亲近和舒适；造型线条的曲直能给人以优美或刚直感；形态大小的疏密可造成不同视觉空间感；色彩的冷暖明暗和色调作用于人的视觉器官，在产生色感的同时必然引起人的某种情感心理活动；不同的材质、肌理能产生不同的生理适应感；不同的花色取材，可以使人产生一系列的联想，置身于更加亲近的、更加和谐的、更加多样的空间环境。充分利用纺织品的这些"与人对话"的条件或因缘，可以促进人与织物，人与环境之间的感情交流，营造出某种符合人们功利需要的室内环境氛围，见图2-3。

三、性能优异 利于促进健康

各类纺织品都具有良好的性能。在自然织物中，棉织物的轻松、柔软；麻织物的古朴、粗犷；丝织物的细润、爽滑；毛织物的丰满、和泽，这些自然织物单一、质朴的特性会给人们在精神层面上带来独特的享受。在现代织物中，由于科学技术的加入，经过织、印、绣、编等工艺的提炼、加工，使织物在性能上，肌理、色彩上更加完美。特别是在性能上，许多织物由于科技的加入，具有了防火、防蛀、防污及调光、吸声、吸湿、防尘、挡风、控温、避潮等各种性能。采用织物装饰无疑对护理、促进人们的身心健康，满足人们对织物多样性、广泛性的需求，对提高室内空间的环境质量，营造室内的文化氛围，都会起到重要作用。

四、低碳减排 利于社会福祉

现代社会人们越来越重视在装饰材料的生产及使用中低碳减排的理念。在家居装饰中选择棉、麻、丝、毛以及木料等非人工合成的材质可以减少二氧化碳的排放量。柔软的纯棉、棉、麻床品对皮肤没有任何伤害。减少过度装饰或将装饰余下的碎布头制成布艺装饰品、靠垫、首饰袋等，可以节约原材料，也不失为减排的好方法。

现代人越来越注重在家庭装饰中的环境污染问题，选用无污染或者少污染的装饰材料已成为一种必然。家居装饰在选材上应该以绿色环保为衡量标准，在室内用环保型软装饰，同时注意将室内与室外紧密地连在一起进行设计考虑，使室内与室外衔接更紧密，让更多的阳光和空气进入室内，塑造一种亲近自然、融入自然的感觉，见图2-4。

图2-4　低碳减排，重视装饰的表现深度是软装饰的设计原则

第三节　织物装饰的文化价值

文化价值、文化取向历来是室内装饰，也是织物软装饰的主要内容。什么叫"文化"？文化是人类在社会历史发展中创造的物质财富和精神财富的总和。文化与"文明"同义，人类有了文化，才有文明，社会有了文化底蕴，才能出现文明社会。不同的文化特征，令民生不同的建筑环境，存在不同的室内环境文化体质，体现出一个时代、一个民族、一个地区、一种观念的精神存在。对具体的人来说，建筑室内的格调，也是室内使用人员社会地位、处事方式、

审美情趣、生活习惯、个人嗜好
等方面的综合反映，见图2-5。

织物有悠久的历史、丰富的
内涵，可以很自然地提升建筑空
间环境的人文价值。当人们处于
一个形式与内容统一，并承载着
历史痕迹的环境里，就会不自觉
地将室内纺织品与该空间的历史
环境、文化心态等模式联系在一
起。当纺织品的材质形式与人们
活动的心理状态相吻合时，该室

图2-5 用花饰装点居室是小资人家的爱好

内空间便能支持人们活动时的情感，使心理的结构处于稳定状态。此时的室内空
间环境与人的关系是和谐的，文化是充盈的，在这种情况下人们就会产生归宿
感、安全感、舒适感。室内纺织品的这种特殊的材质功能和文化含义，早在
20世纪80年代就被法国人类学家克莱德·列维、斯特劳斯（Clyde levy、
Strauss）誉为是治疗我们对必须居住的、功能的、功利建筑的厌恶情绪的良
药，因为它凝聚着深厚的人类历史传统经历的情感。无论传统和现代风格的室内
设计中，室内纺织品均扮演着重要的文化作用。我国自古以来，就喜欢、善用
织物来装饰室内空间。古代许多官邸、宫廷常用厚薄不同、色彩各异的幔帐，
既有空间的分隔功能，也有出于对烘托氛围的考虑。某些宗教建筑的殿堂里常有
从顶部挂落下来的上面绣有经文之类的"蟠"。这些蟠构成了虚实两面：一方
面，填补了大块空旷的空间；另一方面划分了厅堂的空间区域，成为朝拜者活
动区域和佛像区域。从色彩上来看，纯色相的"蟠"又使暗淡的厅堂添加了生
机，同时又渲染了空间气氛，使环境变得神秘，进而使人们产生对宗教的虔诚
或恐惧的心理。再如我国民间所谓"吉庆喜红"，常于婚嫁喜庆之时张灯结彩，
为环境增添欢乐气氛，而富有装饰性的红布、红线、红丝、红纸，便成了此
时的宠物，见图2-6。

现代社会人们对织物情有独钟，特别是在织物性能上有了大大的提高以后，
更希望通过织物装饰来达到自己在精神上的追求目标。

图2-6　饰有中国传统纹样的绸质抱枕，打造了具有传统文化内涵的装饰风格

一个合格的室内设计师，应该以现代社会方式和现代人们的行为模式，作为自己工作的出发点。织物装饰是一种典型的软装饰。实践证明软装饰的结合能使室内最快出现装饰效果。设计师应该通过织物装饰，利用织物自身材质、色彩、纹样、肌理方面的特点，运用先进的设计手法，创造出具有人性化、充盈着文化内涵

的空间环境新形象。设计出具有现代精神价值观和审美价值观的作品，使室内具有使用者所需要的传统文化或生态文化、智能文化等特征。

第四节　织物装饰的应用

织物与其他饰物相比具有多方面的优良特性：①质地软——有利于塑造室内温暖、柔软、亲和的环境；②可雕塑——随着织物所要保护及覆盖的物对象不同，织物可以雕塑成不同的形象，使室内环境出现丰富多彩的造型；③品种多——能采用各种色彩、纹样，成型可以有织花、提花、印染、手绘、漂磨多种处理手法，因而会使室内装饰产生不同的环境效果；④性能优——通过不同的材料及加工手法，能使织物具有吸音、调光、控温、挡风、防潮、避风等功能。另外，织物装饰易换洗，价格相对低，而且用途广，拿居家来说，从玄关到客厅、卧室、内廊、书房、餐厅、浴室、娱乐室、健身房，到处可用，因而受到广泛欢迎。

"偷得浮生半日闲"，现代人工作的巨大压力，生活的快节奏，都期待着自己一天辛劳下来回到家里看到的是一个优美、舒适的环境。织物装饰充盈在居家各个地段，无疑，它是一家人的最佳伴侣。作为一个设计师，其职责应该设法充分发挥织物装饰的优越性能，同时还要挖掘它的潜质，通过自己的创作设计，使织物缤纷的色彩、柔媚的触感，变得如诗如画、如梦如幻，让人们能在这里安宁、快乐、浮想联翩，度过一个又一个美好的时辰，图2-7。

图2-7 织物柔媚的触感使室内如诗如画

常见的织物装饰有：地毯、窗帘、墙布、挂饰、靠垫、覆盖织物等。

一、地毯

地毯是一种厚重、柔软的地面装饰物。由于地毯功能甚多，在现代居家中已大量使用。

1.地毯的功能要求

1）展示空间

地毯在室内有引导与组织空间的作用，同时，在提示空间、创造象征性的空间方面也有成效。大空间中几张沙发，一块地毯，便形成了一个区域或子空间。在同一室内因有无地毯或地毯质地、色彩、图形不同，会使人们从视觉和心理上被界定或划分为不同的空间。一块地毯上的空间，就是一个活动单元，有一种象征的领域感，有时还会形成室内空间重点，见图2-8。

2）保暖防潮

地毯由许多绒头和绒圈组成，因而可以减少地面热量散失，阻断冷空气的侵

图 2-8 地毯形成了室内空间重点

入，使人感到温暖。地毯织物纤维之间的空隙能起到调节空气的作用，室内湿度过高时，能吸收水分，干燥时能散发水分，因而使地毯发挥防潮的效果。化学纤维组成的地毯因具有更科学的结构，比天然纤维组成的地毯保暖性还要好。

3）吸音隔声

地毯中的绒毛有很好的吸音效果，能减少声音的反射，降低外来噪音及室内脚步声和家具移动的声音，使人们在室内听别人的发音更加清晰。

4）舒适美观

地毯由于柔软、有弹性，使人踏在上面脚感很舒服。在这方面天然纤维地毯因形态、质地更亲近自然，会给人们带来回归大自然的感觉，因而要比化学纤维地毯胜出一筹。地毯上面可以按照主人的要求制成各种图案，配上各种色彩或典雅，或华丽，或清秀，或妩媚，形成不同的风格，取得很好的软装饰效果。

由于科学技术的进步，现代化学纤维中出现了吸尘地毯、抗污地毯、抗电地毯、防燃地毯、发光地毯、电热地毯、变色地毯等，在某些特种场合，地毯可以发挥更大的作用。

2.地毯的分类

1）地毯按工艺可分为手工毯、枪刺毯和机织毯等。手工地毯以纯手工制作，多以纯羊毛和真丝为材料，包括波斯式地毯、法式地毯和藏式地毯等；枪刺地毯是在特制的胎布上，将各种色线用手工枪刺出图案，然后在毯背涂刷胶水，再附上底布，用手工包边而成；机织地毯的制作方法依赖于当今先进的机器设备，制作的时间短，价格就相对较低。

2）按质地可分为羊毛毯、真丝毯、混纺毯、化纤维地毯、皮毛毯和碎布毯等。羊毛地毯具有良好的弹性、保温性、抗污性、阻燃性、易清洗、色泽恒久、吸音能力、有保值作用等特点；真丝地毯是手工编织地毯中最为高贵的品种，其质地光泽度很高，在不同的光线下会形成不同的视觉效果；混纺地毯在图案花色、质地和手感等方面，与纯羊毛地毯相差无几，但在价格上却大相径庭；化纤地毯以化学纤维为原料，具有防燃、防腐、防潮、耐磨等优点，价格便宜，有吸尘、吸音、保温的作用；出于环保，以假乱真的人造皮毛地毯替代动物的皮毛现成为许多人的首选，能营造富丽奢华的氛围；碎布地毯是环保主义的家居产品，适合单身族、简居族的需要，最大的好处是适于机洗。

3）按铺设方法可分为满铺地毯、局部地毯和重叠地毯三类。①满铺地毯是在居室内地面上全都铺上地毯，这样做能显示室内豪华、宽敞的气魄。这种铺设方式要求地毯有较高的强度和耐污性，平时较少更换，见图2-9。②局铺地毯即局部铺设地毯，一般放在客厅、卧室中央，或贵重家具下，或座椅下，或房间出入之处，这些地毯可以根据气候及总体布局的需要随时更换，因而多数采用质感较好、构图简单的地毯，以点缀室内环境，彰显主人的品位，见图2-10。③重叠地毯指在满地铺设地毯基础上，再局部增加铺设小块地毯。这种

图2-9 满铺地毯实例　　　　　　　　图2-10 重叠地毯实例

做法常用于提高室内环境舒适度和装饰美感。小块地毯一般绒头长而柔软，带有浪漫、华美的格调，见图2-11。

图2-11 局铺地毯实例

3.地毯的选择

1）地毯从功能角度考虑，室内如有小孩用的卧轮、老人用的轮椅等胶轮车经常活动，应选择不怕压、易清洗的合成纤维编织的地毯；如在人流量较大的房间铺设地毯，应选择绒头质量高、密度较大、而且耐磨的簇绒圈绒地毯；对有幼儿的家庭应选择耐腐蚀、耐污染、易清洗、颜色偏深的合成纤维编织的地毯。客厅可选择花型较大，色彩较暗的地毯。卧室里的地毯，一般可选择花型较小色泽明快的地毯，地毯的花型可以按家具的款式来配套，古典风格、民族风格、现代感十足的地毯都是可选择的对象。

2）地毯从美观角度考虑，基本色调非常重要，因为它能对人形成第一视觉冲击，可以将居室中的几种主要颜色作为地毯色彩的构成要素，这样选择起来既简单又准确。地毯图案和样式往往会决定整个居室风格的走向。

4.地毯的设计

地毯的设计主要是图案式样的设计，它涉及到室内风格及地毯的使用功能。根据图案的构图格局及其色彩，传统地毯与现代地毯有不同的处理方式。

1）中国传统地毯

中国传统地毯一般用羊毛、蚕丝为原料，以手工编织方式生产，具有富丽华贵，精致典雅的特点。其中：①北京式地毯多选我国古典图案为素材，如龙、凤、福、寿、宝相花、回纹、博古等，构成寓意吉祥美好、富有情趣的画面。构图为规矩对称的格律式，结构严谨，格调典雅。地毯一般中心为一圆形图案，称为"夔龙"，周围点缀折枝花草，四角有角花，并围以数道宽窄相间的花边，形成主次有序的多层次布局。色彩古朴浑厚，常用蓝、暗绿、绛红、驼色、月白等色。②美术式地毯以写实与变化的花草，如月季、玫瑰、卷草、螺旋纹等为素材。构图也是对称平稳的格律式，但比较自由飘逸，地毯中心常由一簇花卉构成椭圆形的图案，四周安排数层花环，外围毯边为两道或三道边锦纹样，具有格局富有变化、花团紧簇、形态优雅的特点。③素凸式地毯是一种花纹凸出的地毯，花纹与毯面同色，经过片剪后，花朵如同浮雕一般凸起。由于花地一色，使花纹明朗醒目，图案显得简练朴实。常用的色彩是玫红、深红、墨绿、驼色和蓝色等。地毯花形立体层次感强，素雅大方，适宜多种环境铺设，是目前我国使用较广泛的一种地毯。

中国传统地毯中还有彩花式地毯、东方式地毯等，构图方式基本上同其他传统地毯。

2）国外传统地毯

国外传统地毯如伊朗地毯（波斯地毯）、土库曼地毯、高加索地毯等，如图2-12所示。同中国传统地毯一样，它们也是羊毛为主要原料，还有全棉、全丝及混合地毯，图案中通常以一组单独纹样布局。其中伊朗地毯纹样多取材于自然界的树、叶、花或藤枝以及鸟和动物，并常常结合各种几何形、彩带等。伊朗人认

图2-12 波斯地毯应用单独纹样布局，尽显奢华风尚

为，地毯绝不只是一件普通的家居用品，更多的是一件艺术品。他们常说："地毯是无价的。"一块手织毯的价格通常同尺寸、材质、织数、颜色、手感、设计、织匠有着紧密联系。好的手工丝毯手感柔软、顺滑，可以轻易多次折叠。图案越繁杂、使用颜色越多的毯子，价格也越高。据说一块鼠标垫大小的110结的手织丝毯的原始价格就达1.3万美元。土库曼地毯以红色为主调，图案主要是以八角形为基础的变形几何纹。许多图案往往将蓝、白、黄、棕等色间隔填色，组成丰富、变化的边缘纹样，与大面积的红色调相区别、相辉映。

3）现代地毯

现代地毯主要指以现代机织簇绒地毯为主的地毯，图案风格显得简练粗犷，一般都以单个纹样按一定规律重复排列，四方连续布局，可任意裁剪、拼接。这类地毯选用具有现代装饰意趣的几何图形、抽象图案、变化图案为素材。在构图形式上运用较多的为几何图形交错结构，有简单的方格形、菱形、六角形、万字形、回纹形等交错组合，和马赛克镶嵌结构，形成平稳匀称的网状结构，图形整齐而有变化，产生很有规律的节奏感。

二、窗帘

窗帘是一种帷幔类的织物装饰，由于它在室内占有较大面积，往往是人们视觉感受最突出的地方，故有人称它为"居室的眼睛"，见图2-13。

窗帘按用途分一般有三层：①外层，指最外的一层薄型窗帘俗称窗纱，窗纱要求透气性好，耐日晒，防污染；②中间层，指中间比较厚，半透明的织物层；③里层，指里面厚实、不透光，具有隔音、保暖作用的织物层。根据用户的需求及经济条件，实际应用中有的取消中间层，成为双层窗帘，有的仅用里层或中间层，成为单层窗帘。

图2-13 帷幔式窗帘让家室显得雍容华贵

1.窗帘的功能要求

1）遮阳、避光

人们都希望自己的居住、工作环境，安全、安静，有一定的私密性。舒坦厚重的窗帘可以有效地与外界隔音，减少或防止阳光的直射及声音的传入，遮挡尘世的喧嚣，有利于营造宁静的环境，并保护好家具，使室内造成一个相对独立的安全区域。

2）调温、隔音

窗帘，特别是双层及三层窗帘，利用其开启、拉闭的过程，可以使室内的空气通风量、光线的强弱度得到调节，从而有利于调节室内温度，起到平衡室内干湿度的作用。

3）观赏、美化

"一帘风月一梦帘"，这是古人对窗帘的赞美。窗帘在室内已占有的空间和面积都比较大，容易首先进入人们的眼帘，因而要求窗帘在材质、色彩、肌理方面的装饰性要比较显著，比如外层窗纱应该薄如蝉翼，轻幔飘逸，色彩淡雅；里层窗帘一般用绒面织物，要求层次感强，色彩丰富，手感舒服，这样就使窗帘具有较强的艺术魅力。

图2-14　窗帘或门帘都可以使居室流光溢彩，满室生辉

讲究的窗帘或门帘，都可以使居室流光溢彩，满室生辉，见图2-14。比如居室的落地窗帘，就会给整个墙壁增光添彩，其清新淡雅的花色图案与明快的居室环境会形成温和含蓄的格调。若在窗帘的边缘加上一些荷叶边，内衬一层薄透的纱帘，同时将窗帘扣、圈、顶罩、垂穗等附件与窗帘的质料、纹样、款式协调搭配，如此完整和精致的窗帘，不仅有防风、遮阳、隔声的功能，更多的是一种视觉上的美感。

近年来，科学技术突飞猛进，各种新颖、高效窗帘不断涌现。如美国纽约某公司用发光织物在灯光的聚射下，形成窗帘光带，既起到了照明作用，又让自身通体透亮的形态将大空间办公室予以分隔，使办公室颇具有壮美现代之感。

国外还开发出一种智能环保窗帘系统，装有太阳光、风、光线感测器，可以检测室内、户外的光线强度和风力风向、太阳的方位，可以计算并控制各处房间窗帘的调整数量，控制灯具工作，确保室内良好的光照、通风、自动控制照明系统，达到节能的目的。英国推出了一种翻卷式节能窗帘，它由高强度的薄型涤纶纤维织物和具有反光性能的铝箔粘合而成，其节能的主要原理是在铝箔上涂有保护层，可使室内外热能交换减少 50% 以上，同时也减少了窗玻璃、窗帘之间的冷暖空气的对流。

2. 窗帘的选择

1）考虑光线需求量

选窗帘时，尽量不要选繁琐、厚重的窗帘。过于厚重、复杂的窗帘，不仅会增加经济成本，对人们的视觉和精神空间也是一种侵占。国外一项研究表明，人长时间与单一、过于繁琐的物品接触，极易出现烦躁情绪。从健康角度来说，有些繁琐的窗帘很容易聚集灰尘颗粒和细菌，而这些物质又是引起哮喘、咳嗽等呼吸道疾病的罪魁祸首。因而如果房间光线的要求不是十分严格，那么选择素面印花棉质或麻质布料做窗帘即可；如果房间需要充足的光线，那么选择薄纱质地、薄棉质或丝质的就比较合适。反之，如果要用窗帘遮挡强烈的阳光，就应当用稍厚的羊毛混纺或织锦缎来做窗帘，还可以加上薄纱内衬使其效果更好。

2）考虑个人喜好

不同的环境和不同的房间，要用不同色调的窗帘来烘托气氛。比如，朝阳的房间可用白色或淡蓝色等冷色调的窗帘，而背阴的房间则可以选择明黄、粉色等暖色调的窗帘。

选择窗帘还得根据个人的喜好和生活习惯。对老年人来说，他们一般不易入睡，一丝光线的射入也会让他们辗转反侧，无法入睡，窗帘颜色重一点、密封效果好一点的比较合适。对于儿童来说，色彩活泼、透光性好的窗帘有利于孩子心理和生理健康，可采用卷帘。

3）考虑款式与材质

一幅好的窗帘会让居室流光溢彩，满室生辉。古典的家居设计，配上一幅面料厚重、花色沉稳的落地窗帘，会给人一种十分得体的感觉；而新潮前卫的家庭则需要简洁、流畅，没有缀饰的窗帘设计，小窗户适合挂一款式简单的罗马式卷帘；大窗户是视觉的焦点，款式的变化可多种多样，做工精致考究，见图2-15。

图2-15 多重褶皱的罗马式卷帘，使室内显得大气磅礴，高贵典雅

在和居室的总体色调和风格一致的情况下，窗帘的材质也很重要，尽量不要选用化纤、涂漆材质的窗帘。化纤面料会产生静电，而静电又容易吸附空气中的灰尘和病菌，对人体健康不利。居室内窗帘布料的选择取决于房间内光线的需求量，光线充足，可以选择薄纱、薄棉或丝质的布料；房间光线过于充足，就应当选择稍厚的羊毛混纺或棉质材料做窗帘。

3. 窗帘的设计

窗帘的装饰性主要在于色彩、质地及图案。过去窗纱以白色为主要花样，比较单一，现米黄色、浅棕色的窗纱比较流行，便于与居家整个装饰风格协调。窗帘的质地过去是化纤、涤纶为主，现在以亚麻、棉麻、混纺的自然材料居多。窗帘图案现比较流行的是横向花纹，而喜欢提花和镂空型图案的人也不少。

三、墙布、墙纸

墙布、墙纸属墙面软饰物。由于墙布平挺性、稳定性、装饰性、安全性都优于墙纸，现在公建宾馆、饭店及较高档的民用住宅已被广泛采用。墙布有棉织、毛织、丝织、麻织、化纤混纺等品种，这些织物类墙布，贴在墙上会给人高雅、稳实、柔和、亲切的感觉，施工时一般与衬纸粘合，或在其反面涂一层乳胶和聚丙烯酸类的有机混合物，施工好即可使用。随着科学技术进步，墙布总类越来越多，比如已被较多采用的玻璃纤维墙布，它的优点是色彩和图案可以随意改变，在室内使用时不退色、不老化、可防火、避返潮，而且耐水冲洗、质地坚实、使用寿命较长，但它表面有光，质感较差。还有一种叫阻燃墙布，具有很好的环保性能。它表面是多孔结构，能防火、吸音、隔声、防潮、防雷，而且可以按用户需要生产出集增香、驱蚊、夜光、变色于一体的多功能墙布。此外，有夜光墙布、无菌墙布、调温墙布及采用草、木料、树叶等天然纤维材料织成的具有返璞归真感觉的自然态墙布，见图2-16。

图2-16 具有返璞归真感觉的自然态墙布

1.墙布、墙纸的功能要求

1）平挺性、粘贴性

墙布、墙纸必须有较好的粘贴性，粘贴在墙上应该平整、挺括、有弹性、缩率小、无翘起、易剥离。因为使用一段时期后墙布、墙纸要更新、换新花样，所以要求剥脱方便、易于清洁。

2）耐污性、耐光性

墙布、墙纸必须具有良好的防腐、耐污、耐光性能，能经受阳光照射和空气中细菌、微生物侵蚀，而不褪色、不发霉，做到抗污、除尘、保温，不易老化。

3）阻燃性、保温性

质量差的墙布、墙纸发热量高，燃烧后会有毒气发生，因而用于室内特别要选择有阻燃的防火、保温、排毒性能的材料，见图2-17。

图2-17 墙纸必须平挺、耐污、阻燃,给人高雅、稳实的感觉

2.墙布、墙纸的分类和选择

1)墙布按原料可分提花织物墙布(用人造丝和化纤混纺纱线,用银丝交织加固而制作),绒类织物墙布(用人造丝、化纤混纺纱线织造成双层织物制作)和印花墙布(用纯棉粗支或在人造棉织物、提花织物上印花)等。

2)按功能分有无菌墙布、环保阻燃墙布和调温土墙布等。

目前市场上流行的墙纸有:①胶面PVC墙纸;②纯纸墙纸;③布类墙纸;④金属墙纸;⑤天然编织墙纸;⑥自然类墙纸;⑦液态墙纸。普通家居中最常用的是前面两种,而最有发展前途的是布类墙纸,它以纯无纺纸为基材,保证了环保标准;可以在其表面做特殊处理,造成凹凸的效果,让墙纸看上去有立体感;还有可以使墙面透气,集环保、防潮、艺术品于一体的。但是价格稍贵,见图2-18。

如今墙纸制作、施工技术的日益成熟;并越来越体现出其特色,

图2-18 具有凹凸效果的布类墙纸,出现了立体感

墙纸具有相对不错的耐磨性、抗污染性;具有防裂功能;具有很强的装饰、营造气氛的效果;可以在一个墙面上,体现更多颜色、不同深度、不同亮度的设计;墙纸的价格正趋于大众化;铺装简单;通常在大型、有品牌知名度的商场购买的墙纸,其环保性能已经完全能够达到国家的环保要求。

现在家居的墙面装饰,主要是使用墙纸和涂料,而墙纸相对于涂料,具有

明显优势，表2-1中，墙纸所具的优势，涂料却无法达到。

表2-1　　　　　　　　　　墙纸功能优势表

项目	墙纸
施工周期	3天（可一次性贴完）
墙面裂缝	能掩饰
环保性	相对较环保性，特别是在大型、有品牌知名度的商场购买的墙纸更好
装饰效果	风格花型丰富，更能体现家居风格与个性
耐久性	5～10年

墙布、墙纸的选择除了考虑各自的功能外，着重在色彩、图案挑选。比如卧室，可以选择柔和的色彩，令人喜悦的图案，这样就使室内空间更显得温馨、温暖。儿童房可以选择一些海洋、草原之类的图案来装饰，丰富的色彩有助于激发孩子的想象力。如果家中有影音室，应选用有利于吸音、隔音的材料。客厅、餐厅在图案上，应选择大图案且色彩明快的墙布、墙纸。如果房间阴冷，应选择暖色调的墙布、墙纸，而且图案要细腻一些，不要太花哨。另外通过墙布墙纸，可让空间变大、变小、变高、变矮，比如，用竖条的图案，可让空间有延伸效果，看上去会显大；用横条则会让空间变矮；用大花纹，会使空间看上去拥挤，见图2-19。

图2-19　小花朵的墙纸、柔和的色彩，使卧室充满温馨

3. 墙布、墙纸的装饰设计

墙面墙纸的装饰设计同样是通过绘画、图案或是单用色彩，在确定一个主题

思想后，进行创作设计的。在创作中可以利用几面墙，或一个墙面，或一个独特的天花顶棚上，用多种织物的肌理、质感、色彩、纹样，配合适当的家具、饰品，来营造室内独特的风格，彰显家居主人的个性特征。比如，会议室墙面可以设计成大自然的风情；卧室、起居室可运用形象逼真，色彩浓烈或淡雅的花卉、植物为图案的制作帖饰类墙面，可以使轻柔的枝蔓在墙上自由缠绕，娇艳的花瓣仿佛暗香浮动，每天在这样的环境中醒来，就会有回归大自然的感觉。

又如，可以设计装饰出利用浓烈的色彩和熟悉的花纹所带来的异域风情；用某种织物装饰放在家中某个主题墙上，既风格鲜明，又华丽醒目，见图2-20。金黄、土红、芦苇绿、紫罗兰等平时不常使用的颜色都是设计居家室内空间的首选。还有用多彩拼接，这种设计需配合空间结构，利用墙面贴饰类织物色彩和图案不同，

图2-20 主题墙上的织物装饰必须风格鲜明、华丽醒目

使墙面具有明暗对比，营造出空间的错落感，以展示其特有的魅力，此类墙布颜色多样，图案多姿多彩，适合许多场合使用。

四、软膜吊顶

在室内装饰中，传统的室内吊顶装饰多为木骨架、石膏塑料，都是硬件组合，随着高科技产业的发展，现在一种时尚、环保的软膜吊顶，应运而生。其中有的用合成材料制作，这种新颖、柔性的"高分子软膜吊顶"装饰材料，将色彩缤纷的"软膜天花"装饰设计、安装在室内顶部。有的安装做成装饰性的墙面，即成软膜墙面。

软膜吊顶突破了传统天花在造型、颜色和小块拼装上的局限性，可以设计成

任何形态，采用任何色彩，或夸张、或含蓄，而且它采用最先进的新材料和角码安装技术，具有防水、防菌、防火等功能，不含镉、铝等有害物质。同时软膜吊顶具有隔热节能功效，能大量减低室内温度的流失，并能与灯光系统组合、折射出各种精美图案，装扮居室时尚又浪漫，见图2-21。

图2-21　色彩缤纷的"软膜天花"富有装饰效果

五、床上用品

人们一生中差不多有三分之二的时间是在床上度过的。因此，可以说床是人类最亲密的"物件"伙伴。床上用品包括床罩、被面、床垫、褥子、褥单、毛巾被、被罩、床单、棉毯、枕套、枕心、枕巾、靠垫等。床上用品的色彩、图案、材质、肌理不但直接影响人们的生活质量，对卧室环境风格、情调的形成、面貌的改观都会起关键性的作用。

1.床上用品的功能要求

床上用品的主要功能是保暖、舒适、卫生、美观、配套、易洗、快干、免烫等，总的是要符合现代人在生理、心理方面的消费要求。首先是保暖，人们在保暖身体时，床上用品应该发挥突出作用。比如在冬季所盖的被子，要防止身体热量的散失及确保身体的温暖；其次是舒适，床上用品一般都应有良好的柔软度，使人们在一天劳累之后，有很好的触觉享受，让疲惫的心得以歇息，让心灵和生理在这里得到交流和共融；再次是要有美感，床在卧室占有较大面积，它的色彩、图案往往是室内的视觉中心。因此，对于床上用品的总体设计十分重要，既要它变得风雅、诱人，又要使它与使用者有心灵的感应，使其绚丽的色彩、优美的线条、迷人的图案，展示出居家的内涵，体现出居住者生活

图2-22 床上用品的总体设计要风雅、诱人，与使用者有心灵上的感应

的精神和品质，见图2-22。

随着科学技术的发展，时下床上用品性能进一拓展，美国出现了"水暖床"、"电暖床"，对床单、床罩都有特定的尺寸规格要求。日本发明了"心理床"，床上用品颜色按消费者不同的年龄、性别、血型特殊设计，可以配合人们的心理需求。

2.床上用品的设计

目前国际上床上用品的设计总的是向着系列、配套、高档、环保方向发展。如西欧将床上用品的花纹、花样、颜色与床单、枕套、窗帘等系列配套，形成"三件套"、"五件套"或"八件套"。在环保方面，使床上用品具有吸湿、防水、速干、拒油、耐污、抗菌、防蚊、抗皱、防紫外线等多种功能。

六、靠垫、抱枕、凳饰

靠垫（含抱枕），见图2-23，主要用于床上、椅子、沙发，在头部或腰部的衬垫，它是室内设计中最活跃的因素之一，往往起到画龙点睛的作用。一方面靠垫大小随意，造型各异，色彩丰富，更有制作和搬动的随意性和灵活性；另一方面可在靠垫上制作所需要的图形或

图2-23 经典的黑白色靠垫典雅、大方，柔和了空间气氛

放样，以加深环境主题。而系列靠垫的组织和安置，则能造成室内的节奏感，住宅室内，常见靠垫上书以字画，或白底黑字，简略几笔，和风盎然。

靠垫和凳饰在20世纪90年代的时候，仅是与床单、枕套、桌饰配套使用。因为它小巧、色丽、价低，现在已成为时尚人节日的重要礼品，受到消费者普通欢迎。目前靠垫、凳饰的面料除棉缎、真丝、织锦外，经过工艺处理后的涤棉混纺、全棉色织条、格条都已流行开来。颜色有全白、奶白、浅桔色、妃白等，形状有圆形、椭圆形和滚筒形等新产品，见图2-24。

图2-24　多种面料、色彩组成的凳饰

七、挂饰

挂饰（含吊毯、悬绸、垂帘、字画等），内容十分丰富，既有平面的，如挂毯、卷轴等壁毯；也有立体的，视空间特质所需而选用。联合国总部大厅内正是有了一幅我国赠送的万里长城挂毯，大大增加了客厅的"景深"和方向感，平添了优美、高雅的艺术氛围。美国亚特兰大玛瑞亚泰旅馆共43层，中庭有一百多平方米，是目前世界上高级宾馆中最方的庭。设计师用织物巧制成软雕塑，优美的雕塑线条有如美丽的姑娘在翩翩起舞，多变的雕塑曲线和重复的建筑曲线有机结合，给中庭带来了热烈的气氛。近年来在软雕塑方面有立体空间效果的挂毯，常常运用于共享空间、会议中心和娱乐场所，多以抽象题材或变形纹样图案作装饰，并集围透、疏密、曲直、精细、厚薄、深浅、刚柔、凹凸等对比于一体，丰富多彩，千姿百态，充分启迪人们的想象力，诱导人们去探索更广阔的意境，见图2-25。

图2-25 立体悬绸凭添了优美、高雅的艺术气氛

过去，彩绸作为结彩形式短时期地悬挂在有特定意义的建筑前，如今，设计师将彩绸以装饰空间的功能来运用。上海龙柏饭店的门厅悬挂着一排红彩绸，色彩绚丽、形态自然，自然悬垂形成的曲线又与矩形梁柱门窗形成鲜明的对比，使门厅空间生动醒目，并颇具民族特色，使人们产生一种亲切感，见图2-26。

八、工艺品、装饰品

小型的工艺品、装饰品，一般我们叫它们是小饰物，其中有玻璃饰品、陶瓷制品、金属制品、精美玩具、小动物、植物标本等，这些家居中的小饰物就像散落在角落的精灵，以其独特的魅力点亮了居室生活，它们在一定意义上调节了居室的单调枯燥。它们或小巧别致，或玲珑剔

图2-26 几排彩绸自然悬垂，使室内门厅生动醒目

透，其间的韵味给人们的生活增添了无限情趣。

室内装修过去是以静为主，结果把居室搞得暮气沉沉，毫无生机。现代装饰应该动静结合，有的就是要依居室"动"起来，使居室充满活力，又不易使人造成审美疲劳。比如，利用小动物烘托。在客厅或阳台上安置玻璃缸，养几条热带鱼，或者在茶几上放一金鱼缸。如果你喜欢，可以养只小乌龟，别看它灰不溜秋、呆头呆脑，逗着"玩"别有一番乐趣。再如，用动感十足的饰

品装饰。有动感的饰品可以让你精神振奋，精力充沛。客厅中挂一幅会"流动"的山水画，给人一种身临其境的感觉；在窗边挂一串风铃，让风"演奏"的音乐时刻萦绕在耳边；在茶几上放瓶鲜花，在沙发上放个布娃娃，这些都能活跃居室气氛，见图2-27。

纵观当代室内设计，织物的重要性正被愈来愈多的人所重视，织物作为形式要素中的柔软和色彩要素中的冷暖兼备的轴，时刻在创造着具有广泛生活内容的、多样的、

图2-27 小饰物会使居室充满活力

美的生活意趣。当代室内设计师已将织物作为创造公共室内空间氛围的一个重要方面。西萨·佩利设计的美国加洲太平洋设计中心大厅，显示出高度技术美的金属柱与金属吊顶，熠熠生辉，十分迷人。然而二层有回廊的大厅，两侧排列着许多小商号，仅凭小间招牌控制不住整个空间，设计者在流长的玻璃圆筒顶下悬挂只只体型轻盈、色彩瑰丽的布制风筝，这些色彩和形体装饰成空间中的主旋律，便很好地控制了整个大厅的气氛。

第三章
软装饰的其他类别

　　软装饰除织物装饰外，还有植栽装饰、家具装饰、陈设物装饰，并有色彩装饰、光影装饰、线形装饰、图案装饰等，这些装饰并不是单独存在的，而是配套使用的。比如植栽装饰，采用什么形态？什么色彩？光影如何处理？都涉及到对室内环境的评价。又如，陈设装饰采用哪种形象？利用何种材质、面料、色彩？都会影响到室内整体风格的塑造和协调。因而，只有使所有的装饰与室内环境完善地结合起来，才可能营造出一个理想的、舒适的、具有审美氛围的环境效果，并通过配套的装饰来掩饰、弥补建筑空间的不足，在视觉、触觉、情态等方面化解现代建筑堆砌水泥、钢筋而造成的冷漠和生硬，更接近对人在感情上的关爱，见图3-1。

图3-1 植栽的形态、色彩、光影涉及到对室内环境的评价

第一节　植栽装饰

利用植栽，即室内绿化装饰，在我国已有悠久历史。在两千年前，在东汉遗存下来的墓室壁画上就有盆栽的形象，在一个圆盆里栽着8枝红花，置于茶几座上供人观赏。这表明盆栽、盆景在我国源远流长，中国人的居住文化很早就反映出强烈依恋自然、亲近自然、与自然和谐的情感。

当今随着现代社会生活节奏的加快和工作竞争的加剧，加上城市生活的喧闹，毋庸置疑人们更加渴望生活的宁静与和谐，迫切希望拥有一块属于自己的温馨舒适的小天地。这个愿望可以通过室内绿化来实现，因为植物是大自然的产物，最能代表大自然的本性和力量，把花草引入室内，可以使人们仿佛置身于大自然之中，从而起到放松心情，维护身心健康，实现人类回归自然的梦想。

一、植栽装饰的功能要求

室内植栽除了有利于净化空气，调节室内的气候，维护人们健康外，还应该有许多独特的功能，主要是：

1.柔化空间、美化环境

建筑开发商给业主提供的是建筑"外壳"，一般都是水泥、石块、砖头、玻璃、金属的堆砌物，冷漠而僵硬，久而久之，使人会麻木不仁，而植物、花卉千姿百态的姿态、五彩缤纷的色彩、柔软飘逸的神态、蓬勃的生机，则给人带来了美好的想象和生存、前进的力量。比如，乔木或灌木可以以其柔软的枝叶覆盖室内的部分空间；蔓藤植物，其修长的枝条，可以从这一墙面伸展至另一墙面，或由上而下吊垂在墙面、柜、橱、书架上，如一串翡翠般的绿色枝叶组成室内空间形态；大片的宽叶植物，可以放在墙隅、沙发一角，改变家具设备的轮廓线，从而使室内空间得到柔化而有生气。这许多都是其他室内装饰、陈设不能替代的，见图3-2。

2. 提高室内人文价值

植栽能够提高室内的人文价值。作为软装饰的植栽设计一方面要使与室内环境协调、得体；另一方面要在体、形、色等方面具有总体艺术效果。如书房配置秀气、柔和的文竹或洁白、纯净的兰花，能使空间显得典雅和幽静，又蕴含着生命力的寓意；室内放一盆非洲菊，因其花色丰富艳丽，花瓣排列整齐、端庄优美，极富装饰性，会使室内产生幸福和睦之意；

图3-2 植栽使室内空间得到柔化而有生气

郁金香花大梗挺，色泽光鲜，象征着美好、胜利、浪漫和神秘；中国的茶花叶片翠绿光亮、肥厚壮实、四季常青、花大如钵、枝美花艳，冬春之季给人们带来无限生机和希望，是吉祥、长寿和繁殖的象征；而竹叶青翠秀丽，四季常茂，一竿挺拔却为空心，一向被人们视为虚心向上、高风亮节，并有与松、梅或梅、兰、菊相配成"岁寒三友"、"四君子"的美誉。我国古代大文豪苏东坡放言"宁可食无肉，不可居无竹"，可见绿色植物在人们居住文化中的重要性，见图3-3。

图3-3 植栽排列整齐、端庄优美，富有装饰性

不同的植物种类有不同的枝叶、花果、姿色和品格，可以被人们在人文价值的角度作赞颂、仿效。如荷花为"出污泥而不染"，象征高尚情操；喻竹为"未曾出土先有节"，象征高风亮节；喻牡丹为高贵，石榴为多子，萱草为忘忧，紫罗兰为忠实永恒，百合花为纯洁，郁金香为名誉，勿忘草为勿忘我等。

二、植栽装饰的主要方式

室内植栽要根据室内的功能，地段采取不同的装饰，大厅中央与墙边角隅肯定要选择不同的品种。原则上应少占室内使用面积。为此，可以多考虑用悬、吊、攀等方式植栽。室内植栽装饰的主要方式有几种：

第一，重点装饰，边角装饰

所谓重点装饰是将植物摆放于较为显眼处，如客厅正面墙的电视柜旁或客厅沙发旁宜放大型花木，如橡皮树、棕榈、龟背竹等。还可在一进门显眼的地方，放置一盆大型的五针松、锦松或罗汉松，以起到"迎宾松"作用。而边角装饰则只是摆放在边角部位，如靠近角隅的餐桌旁处，见图3-4。

图3-4　客厅的植栽能起到迎宾作用

第二，结合家具、陈设装饰

室内植栽除单独落地布置外，还可与家具、陈设、灯具等与室内物件结合布置，如放在柜子转角的吊兰和放在茶几上的盆花，见图3-5。

第三，沿窗植栽，向阳装饰

沿窗布置绿色植物，或在大门前向阳处植栽能使植物接受更多的的日照，并

图3-5 沿壁放置小盆景，别有一格

形成室内绿色景观。植物经过光合作用可以吸收二氧化碳，放出氧气，刚巧与人的呼吸相反，必然有利人的健康。沿窗植栽可以做成花槽或在窗台上放置小型盆栽，见图3-6。

第四，融合环境，合理装饰

植栽要与周围环境形成一个整体，植物体量、高度应根据室内空间大小而定，一般不可以超过空间高度的三分之二，不能妨碍正常的室内活动，见图3-7。室内花木的大小应与室内大小相称，居室大的选用大植株、大叶树，以免大空间里小植株不显眼；居室小的宜选用植株矮小、枝叶细小的，以免小居室大植株又使空间拥挤。卧室不宜放大型植物，大型植物叶形大多显得生硬、单调；放上一些小巧、奇特或雅致的花木，可使人感到轻松、恬适、生机盎然且不显拥挤。植栽融合环境，就是要融入生活，融于主人的爱好、俗习、趣味。应该以现代流行的"绿色憩息家园"理念，使植物既与居室相得益彰，又别出心裁，见图3-8。

第五，利用瓶罐，点缀装饰

居家植栽可以用专门的花盆，也可以用各种空罐、空瓶来做花器。笔者一个朋友用原本装蜡烛的烛台来植栽花草。先将鲜花放在烛台中，然

图3-6 沿窗植栽形成室内绿色景观

后用小石子将它压住，每天浇1～2次水，晚上把它放在床头，花朵竟然随性地开放，一派浪漫情怀。植栽装饰可以按照房间的功能不同，摆放一些插花。客厅的沙发前、长方形茶几上或转角处，都应看到花的影子。而卫生间的布置也可以很讲

图3-7　植栽要融合环境，形成整体　　　　图3-8　植栽融于居室要相得益彰，又别出心裁

究，在洗脸盆旁或瓷砖地面放上一盆，或点缀一些小花，或放置绿莹莹的草本花卉，或贴上多彩的干花，都会使这个宁静的空间顿时生动起来，而且小小的花花草草除了柔化、美化环境外，还可以创造清爽、洁净的感觉，使人感到室内有一种自然、优雅和恬静的气息，见图3-9。

图3-9　利用干花标本装饰墙面，别有一翻趣味

第二节 家具装饰

软装饰是室内能体现某种文化符号和信息的一个体系。从这个角度出发，在软装饰中，家具有着举足轻重的作用，人们企盼着悠闲的自然境界，强烈地寻求个性的舒展。无疑织物、植栽、家具、陈设物的介入，会使空间充满柔和与生机、亲切和活力。因而，在被业内人士公认为软装饰的室内物品中，家具不能少。家具包括其设计选择和设置的行为中，应体现出科学性、艺术性和生活化的结合，并与其他软装饰在室内形成体系。

一、家具的功能要求及其文化价值

家具既有实用功能又有精神功能。实用功能方面是指满足人们日常工作、学习、生活、休息的使用要求，而且要利于方便、舒适的使用。家具在室内设计中，还有组织空间、分隔空间、变化空间、丰富空间的作用。在精神功能方面，是指通过家具反映室内的建筑风格、艺术特色及环境气氛，反映主人的文化程度、习惯爱好、性格特征、宗教信仰，体现主人的生活观和审美观。

室内设计一般的步骤是从整体到局部，从大处着手，然后再解决细节问题。软装饰也不例外，在空间设定以后，进行软装饰设计时，要把空间视为一个整体，其中家具及陈设品的设计是软装饰设计的重心。

家具的文化价值内容丰富，形式多彩。家具作为室内环境的重要组成部分，对室内的总体风格起着不可替代的作用。室内空间有不同的风格，如古典风格、现代风格、中国传统风格、乡村风格、朴素大方风格、豪华富丽风格、高贵典雅风格等。家具本身的造型、色彩、图案、质感都具有一定的风范特征，对应着室内的建筑风格。室内古典风格通常装饰华丽，浓墨重彩，其家具则样式复杂、材质高档、做工精美，有的还以时代命名，如称谓路易时代家具或维

图3-10 现代风格家具大方简洁，又不失富贵

多利亚时代家具等。室内现代风格更接近于当代人的价值观和应用习惯，见图3-10。现代家具的风格是随着工业社会的发展和科学技术的进步应运而生的，随之现代家具的材料才异军突起，不锈钢、塑胶、铝材和大块玻璃被广泛使用。在室内风格的现代化进程中，一种为我国的家具史和陈设史谱写过光辉一页的明式家具，逐渐为现代的组合家具所取代。传统的红木家具被改变为由层、压、弯、曲新工艺制成的大工业家具。此时，能满足人们舒适要求的块状组合沙发，以及简洁而精致的室内空间物品就逐渐成了现代居室的主流风格。而当后现代主义思潮拨燃了人们怀旧思古的情调时，古希腊、古罗马的柱式、中国明清时期的家具、隔栅等空间装饰形象及回归自然的处理手法，又作为室内软装饰的语言符号被重新组合了起来加以运用。凡此种种都体现了当代社会和室内主人文化价值观的不断变化，见图3-11。

图3-11 精美的中国传统家具，典雅而又华丽

二、家具的选择

选择家具，一是要注意其通用性，造型要简洁、大方，便于组合使用；二是要轻巧，便于搬运、清洁、更换，做到"常换常新"；三是要从软装饰角度考虑设置藤椅、竹柜之类有柔性的家具。

　　由于家具具有突出的人文、精神价值，在选择家具时，除了其实用功能外，必须首先考虑它在体现室内风格及烘托环境氛围中应具的品格；其次要考虑把家具作为一种软装饰中的艺术品，供人们欣赏。从风格方面来衡量，华丽、轻快而活泼的室内气氛最好配置色彩明朗、形体多变的现代家具；朴素、典雅的室内气氛最好配置色彩沉着，形体端庄的古典家具。从美观方面衡量，家具应该制造成曲线形式，选择有木纹或曲线的家具打造装饰中的曲线美。方法是：在那些有天然木纹或仿天然木纹的家具上做一些呈曲线的雕工和装饰，再设计成曲线结构的造型，文雅和温馨的曲线美就表现出来了，见图3-12和图3-13。

图3-12　铁艺、木制家具营造了质朴、悠闲的居家氛围

　　居家购置藤椅一类柔性家具，对室内装饰会有很多好处。如今人们崇尚绿色消费，做工精细、款式新潮和个性独特的藤艺饰品已成为当前家具市场的新宠儿。藤艺家具包括藤桌、藤椅、藤床、藤书架、藤沙发和藤屏风等，藤艺小饰品包括果篮、吊篮、花架和灯笼等。采用这一类软装饰，有利于人们亲近大自然，而且比较低碳、环保，能有效地促进人们的身心健康。

图3-13　藤编家具给人有田园、优雅之感，使人身心舒缓放松

第三节　陈设物装饰

从总体上讲，室内陈设物应该含有室内一切用品，包括隔断、屏风、家具、植栽、灯具、织物、日用品、工艺品、观赏品、音乐器材、体育器材等各类器物。在这里主要是指工艺品、观赏品作品，涉及绘画、雕塑、匾额、楹联、文房四宝、书法、摄影等作品，见图3-14。

图3-14　造型多变的屏风成为室内空间的鉴赏艺术品

一、陈设物的功能要求及文化价值

陈设物一般都有实用性也有装饰性，作为陈设物中的工艺品主要是装饰性。工艺品的色彩、造型对美化环境、体现室内风格都有显著作用，特别是它的文化价值往往胜过其他陈设物。

应该说陈设物是在宽广的领域、具有更明晰文化价值的载体。在现代，作为人们生活需要的陈设物，必须满足人们人文心理的变化与社会发展的需要。以书房为例，贯穿人文意识的载体很多，除壁画外，一般的中式书房有雕刻、匾额、楹联以及挂屏、钟鼎、铜镜、文房四宝等。其中，匾额、楹联等尤有特色，它们既能从形成上供人欣赏，又能从内容上起到警世、激励、自勉、烘托和点题等作用；而在现代风格的客厅或书房中摆设水晶品、抽象绘画、用现代工艺设计别致的书籍、造型时尚的电脑和文具等格调高雅、造型优美、具有一定文化内涵的陈设品，同样使人怡情悦目、陶冶情操，见图3-15。这时陈设物已超越其本身的美学界限而赋予室内空间以精神价值。这些陈设

图3-15 富有韵味的陶瓶，以及桌上的摆设品为空间注入了高雅的艺术情怀

物的放置带来了浓厚的文化气息，在这样的环境中人们会更加热爱生活，或进一步激发人们的求知欲。人们可以看到很多业主在自己的室内空间放置既有装饰性又有很高艺术性的陈设品，有些陈设品还是他们自己收集、设计制作的，在制作过程中，不仅发挥了自己的特长，美化了环境，还从中学到了书本上没有的东西，提高了艺术鉴赏能力，增加了生活情趣，见图3-16。

图3-16 自己收集、制作的陈设物，不但美化了环境，还增加了生活情趣

二、陈设物的选择

陈设物是一种重要的文化载体。陈设物陈列在室内，首先要注意其本身的风格与室内总体风格相协调，其次要使其色彩和造型上更加突出，从而取得室内装饰中的强化效果。但是，有时会产生另一种情况，收集来的陈设物与室内总体

风格不一致，那么所列的陈设物
自身必须和谐、精巧，质材要
好、数量要少，这样可以与主体
风格产生对比效果，反衬室内的
总体风格，而不是喧宾夺主，见
图3-17。

陈设物的色彩，应该是软装
饰中的点缀色，即强调色。除非室
内色彩已经相当丰富或室内狭小，
陈设物多数要用室内主体色的对比
色，即辅色。也可在色相、明度与
彩度方面与室内主体色产生对比效
果。比如，在一间素雅的浅蓝色调
的客厅里，悬挂数幅鲜明的黄色调
油画，从对比色角度会有强烈的

图3-17 陈设物在色彩和造型上要强化室内的装饰效果

对比效果；在一间粉红色的卧室里，选用深红的玫瑰红灯罩，从色彩的明度对
比中有显著效果；在一间明净的蓝色书房里，摆一对亮丽的蓝宝石瓶饰，从色
彩的彩度对比中会出现显著效果，见图3-18。

图3-18 沙发色彩有时会决定一个空间的色调，黑色带来空间的神秘感，浅色带
来视觉的轻快感，素色带来心态的平静感

三、陈设物的搭配

陈设物的搭配，一是要有利于塑造室内的总体格调。

比如，为了塑造现代风格家居，应该添置线条简洁的落地灯、玻璃小茶几、金属色调的靠枕、花瓶，在浅灰色的墙上布置具有抽象色彩的装饰画，这些都会突显整个空间的格调；又如，为了装饰欧式古典风格，家居须有奢华的体现，应注重曲线、细节的装饰，有优雅弧线的茶几、精美绣花的靠枕、欧式的吊灯，以及色彩浓重的油画；为了形成中式古典风格，就不可无字画，在传统观念中，陋室风雅的字画，最是文人的心爱之物；再如，为了使室内带来热带风情，那么放置藤器、屏风、热带植物，再加上深棕色的木制茶几和具有热带岛屿风景的画、具有东方色彩的镶玻璃挂饰，一个热带风情的居室就会呈现在眼前。

二是要服从室内环境功能的总体需要。

客厅是每个家庭中最令人注目的地方，并负有联系内外、沟通宾主的使命。一般都应做重点装饰，以表现个人独特的美学意境，形成室内的视觉中心，成为室内环境艺术的重要组成部分。在这里陈设物的搭配目的是要营造出一个安宁温馨的氛围和纯朴返真的情调，借以展示主人独树一帜的审美魅力，揭示主人独辟蹊

图3-19 客厅的陈设物要展示主人独有的审美魅力

径的审美思维，使"虽是陋室，唯吾德馨"的家更洋溢出一种浓厚的人文色彩，见图3-19。

餐厅是进餐的场所，应体现出进餐那种"欲休还吃"、"吃犹未尽"的吃

欲情调和氛围，追求的是安静、舒适、怡人的餐饮环境。在这里绿色和白色的陈设物，易于造成清爽、新鲜、美观、令人心旷神怡的气氛，见图3-20。

书房是居家主人个性的直接展现，是完成个人生存目标缺一不可的"软空间"。书房要表现的是主人的品德与个性，突出为主人

图3-20　餐厅放置绿色陈设物，形成安静、怡人的餐饮环境

服务。用小饰物及书来装饰书房永远都不会有画蛇添足之感。

卧室是美妙梦境、异想天开的温床，是嫁接现实人生与臆想幻觉的催化剂，需要体现"卧"的情绪与美感的统一。通过陈设物的色彩、造型、形象以及艺术处理等，从而立体显现出舒畅、开朗、轻松、亲切的美的意境，令你随时有美梦成真的醉人感觉，终能伴你安然入梦，成为抵达心灵圣地的憩园，见图3-21。

图3-21　卧室的陈设物要体现舒畅、亲切、优美的意境

第四节 色彩装饰

　　色彩对室内环境的舒适度、空间感觉度、环境气氛、使用效率，对人的心理和生理均有很大影响。科学家进行过专题实验研究，发现人们在进入一个空间后，最初几秒钟内得到的印象，75%来自色彩的感觉，此后才会理解形体。在室内设计中，色彩相比形体、材质、光照、线条等设计元素，往往会给人们带来更加迅速、更加强烈、更加持久的视觉效果。不同的色彩会使人们引起不同的心理感受，好的色彩环境就是这些感觉的理想组合。人们从和谐悦目的色彩中产生美的遐想，化境为情，大大超越了室内的局限。人们在观察空间色彩时会自然把眼光放在占大面积色彩的软装饰物上，这是由室内环境色彩决定的。

　　室内环境色彩可以分成主导色、背景色及点缀色三大类。

　　一、主导色，即室内软装饰的主导色彩，也就是室内床铺、桌椅、沙发、植栽、电器等各种家具、陈设物的主导色彩。因为这些陈设物可移动、有变化，给人的观察总是多面的、立体的，不像室内墙面、地面仅仅只看到它们一个面。因而在室内的色彩上，主导色的色彩面积相当大，它是控制室内色彩格调的基本因素。

　　二、背景色，即室内硬装修的色彩，是指室内固有的顶面、四个墙面（含门窗）、地面俗称室内"六面"的色彩。背景色在室内色彩中主要发挥衬托作用，见图3-22。

图3-22 背景色在室内色彩中发挥衬托作用

三、点缀色，即室内软装饰中很挑眼的一种色彩，是指室内环境中易于变化的小面积色彩，如壁挂、靠垫、抱枕、各种工艺品、观赏品等，这些装饰物往往采用最为突出的强烈色彩。它是软装饰中的亮点。

室内环境的色彩有很大一部分是软装饰决定的。室内色彩的处理，一般应进行总体把握，首先从室内整体风格、室内环境功能、室内使用者的心理倾向入手，确定软装饰的主导色，再考虑主导色与背景色的协调，与点缀色之间的对比，形成一个完整的色彩体系。软装饰中千姿百态的造型和丰富的色彩，会赋予室内以生命力，能使室内瞬间生动活泼起来。

室内软装饰色彩处理，关键是要确定好主导色。确定主导色必须遵循四项原则：

第一，主导色必须符合室内功能需求

建筑物室内是由不同空间组成的。有的空间用来办公、学习、议事，有的空间用来休息，或娱乐，或健身。家庭的居室空间还要分卧室（包括主卧、次卧、老人卧、儿童卧）、客厅、书房、餐室、厨卫、运动、等空间。不同的空间，在色彩上应该有不同的性格、特征，才能提高人们的视觉美感，满足人们在心理和生理上的要求。比如，办公室、休息室、客厅、书房、病房一般都应选用明亮淡雅的色彩，以便创造一个宁静、致远、有利于护理健康的室内环境，见图3-23；娱乐场所一般要选择具有刺激的色彩，特别是迪斯科舞厅色彩需要光怪陆离、绚丽多彩，目的是要提

图3-23　客厅选用明亮、淡雅的色彩，创造宁静、致远的室内环境

高人们的兴奋度；餐厅、茶室的色彩却需要明朗、雅致。现在许多餐厅采用黄色为主导色。黄色有利于提高人们的食欲，而且它可爱而成熟，文雅而自然。

图3-24 餐厅、茶室的色彩需要明朗、雅致

水果黄带着温柔的特性，牛油黄散发着一股原动力，而金黄色又带来温暖。在餐厅布置中，在黄色的墙面前摆放白色的花瓶或配以黑漆木的饰物，都是极其完美的搭配。见图3-24；卧室要私密性，应该用暖色系或粉色系。其中，中性暖色提供了一系列令人愉快和平衡的颜色选择。这些含蓄的颜色为人们的居室环境渲染出安静平和的感觉。何谓中性暖色？是指像咖啡、奶油、泥土、苔藓以及干枯植被的色彩。这些色调优雅、朴素，配以白线的木线整洁而简约；配以深色木架则庄重而不失雅致，都利于人们进入梦乡。而学校的教室、操作精密仪表的车间，由于需要有良好的视线条件，对室内色彩色相的处理、彩度的对比，会有不同的要求，以减少使用人的视觉疲劳。在这里绿色是常见的色彩，我们可以想象在炎炎夏日，嫩绿色的墙面前摆上一个插满紫色兰花的浅绿色花瓶，是何等清爽，何等惬意。绿色的魅力在于它显示了大自然的灵感，能让人类在紧张的生活中得以释放。在绿色中，竹子、莲花叶和仙人掌，属于自然的绿色块；海藻、海草、苔藓般的色彩则将绿色引向灰棕色，十分含蓄近人。

总之，不同的功能空间需要不同的色彩。这就是色彩必须设计的最突出理由。任何一个设计师在进行室内色彩设计时，都应该审慎地了解：我设计的究竟是什么空间？空间的功能是什么？空间未来主人、客人最可能产生的心态？然后再提出色彩的调配、组合方案。

设计师必须知道，空间的大小、形式、方位是可以用色彩适当加以调节的。色彩往往可以强化或者弱化空间的功能，给人们带来全新的感受。

第二，主导色要照顾使用者的感情倾向

不同的人群由于他们在心理活动、地位、阅历、文化素质、生活习惯等

图 3-25　经典色红、白、黑是永不落伍的颜色搭档

方面的差别，对色彩会有不同的情感。比如一般成年人认为艳黄色象征信心、聪明、希望，淡黄色象征天真、浪漫、娇嫩；通常女性认为橙色富于母爱有给人亲切、坦率、开朗、健康的感觉；黑与白、红与白，是最经典且是永不落伍的颜色搭档，见图 3-25。黑色象征权威、高雅、低调、创意，也意味着执着、冷漠、防御。因而，黑色为大多数企业老板及管理人员，白色给人一种纯结、高雅、明亮的感觉，为智慧女性及白领专业人士所喜爱；蓝色，代表着海阔天空、重新开始、充沛活力和能量。这种亮丽、开朗、洁净、通透的色彩会给人带来清纯和美好的感觉，表现了无穷的希望。蓝色令人联想到广阔的天空、清新的空气，以及生命不可缺少的清水，由于这些联想，蓝色为大多数人所欣赏，见图 3-26。如今，传统的蓝色常常成为现代装饰设计中热带风情的体现，这一色彩家族包括一系列冷色色块，从大气层的水蓝色，到海军蓝。如果你家有个小院，不妨将住宅的外墙刷成蓝白相间的颜色，再支起一张白色木制桌子，摆上几株植物，一种欧洲乡村风情就营造出来了。

图 3-26　蓝色令人联想到广阔天空，使人向往

色彩还与民族特性有关系。几千年来社会历史的发展，铸就了人类一些特定的生活模式和意识，使不同的民族，不同的宗教信仰的人对色彩会有不同的感情。比如，在居室设计中，中国人忌黑色，外国人忌白色，阿拉伯人忌紫色。白色对中国的汉族是丧事的色彩，而在中国回族中或印度等地却象征着吉祥、如意。对黄色，在中国人和日本人的眼里是高贵、尊严、至高无上，标志着有

希望。过去只有皇族、祠庙才用这种色彩。但是对于南美洲一些国家的人，如巴西人，则认为黄色是低级、轻浮、不吉利。对他们来说，黄色标志着绝望和死亡。

正由于不同人群、不同民族对于色彩有不同的爱好，这样就需要我们设计师在室内色彩运用上，考虑使用者的感情作用，体现使用人的感情倾向，见图3-27。

图3-27 玫瑰红的室内环境对中国人来说是喜庆吉祥的标志

第三，主导色必须与背景色相互协调

在室内色彩设计中，一般先确定一个主导色。在同一空间里，甚至是同一座住宅内，主导色作为室内的色彩基调，只能是1～2种，不能太多，超过了3种室内一定会产生杂乱无章的感觉。色彩的基调，可以分黄调子、绿调子、蓝调子等；也可分明调子、暗调子、灰调子等；还可分冷调子、暖调子、温调子等。为了防止色彩互扰，在一个空间内，必须使用一种主色调，对第二种颜色要用得相对减少，第三种用得更少。

在一个居家中主导色必须与背景色相协调。以居家的卧室为例，如果确定卧室中床上、沙发上的织物是主导色，而且主导色是绿色（冷色）那么背景色中的顶墙、地面的色彩，就不能用暖色，同样要用冷色系列色调，但其色彩的纯度、明度要提高一些或降低一些，以便形成层次，相互呼应，见图3-28。

图3-28 室内色彩要形成层次，相互呼应

现代一些推崇时尚的女性，喜欢用紫色作为背景色。紫色悠然是脆弱纤细的，但总会给人无限浪漫的联想。不过单纯用紫色，可能会令人感到郁闷、不安，笔者认为在以紫色为主的居室里，可以加入一些黄色，比如摆盆黄色的花，能让恬静的氛围变得活跃些。如果墙面是蓝紫色的，在主导色布艺的选择上，可以尝试紫白条纹或纯白色的，这样就会有良好的效果。

不同功能的空间，在色彩上人们一般有不同的要求。但是这种情况经常会随着个人的爱好及周围环境出现变化。比如，居家装饰中，中青年的主导色一般喜欢用暖色调。这种色调容易形成温馨、欢快的氛围，并以对比强烈的色彩如蓝绿、绿、蓝紫色作为点缀色，用金、银、黑、白等中性色作为局部修饰色。而老、成年人的卧室色彩设计，通常墙面用淡色、冷色。

第四，主导色与点缀色应有强烈对比

在同一个空间，假若确定的主导色是暖色。如床罩为杏黄色，那么首先，卧室中反映主导色的其他物件（指覆盖物的色彩）应尽可能用同色的浅色调米黄、咖啡等配置，而且室内的全部织物应采用同一种图案，这样就可产生一种安静和稳定的空间效

图3-29 室内色彩应主次分明，调和对比

果，见图3-29。其次，要注意主导色与点缀色之间应有强烈对比。主导色与点缀色之间的色彩对比，应出现一鲜、一淡或一明、一暗的效果，例如，在蓝色调的起居室里，应悬挂黄橙色调的油画，这是色相对比；在明淡的粉红色卧室中，应选用深红色的油画，则是明度对比；在草绿色书房中，应摆设一对嵌有深绿色宝石的灯罩，这是从彩度的对比中求得明快的对比效果。但是对比色彩的选择决不能失去和谐的基础，色彩过分突出，会产生零乱、生硬的感觉。室内环境的对比色彩，应该经过反复比较、妥善选择后才能决定。比如，在卧室设计中如果用了乳白色的茶几、灯座，就应该用米黄色的灯罩、窗帘或浅粉红的暗花墙纸、浅杏色的床单和枕套作对比，整间睡房就会显得非常醒目。图3-30所示是一间时尚的厨房，白色、红色间隔的墙面配有黑色的灶具，棕色的地面，工作台、

图3-30 白色、红色间隔的墙面，再配黑色灶具、棕色地面，整个空间显得十分调谐

天花是深灰色，整个空间显得十分协调和谐。

第五，主导色可以随季节转换

室内软装饰的主导色可以随季节的更迭加以调换。色彩装饰对调整家居空间色彩，往往会带来意想不到的视觉效果。也许仅仅因为换了一幅窗帘或增加了一块桌布，室内就会变成新的模样。当下很多人家都会有几套不同色调的窗帘供不同季节使用。春天光线明朗，淡雅爽朗的窗帘可以加强季节的感染力。笔者一位同事到了春天在餐厅里调用黄绿相间的大格子面料做窗帘，桌布用同样配色的小格子布，椅子以蓝色底白色条格软包料饰面。如此配色，由于窗帘布的颜色和花样能和其他布艺的花色相呼应，令人感觉和谐，还扩大了空间的视觉效果。

客厅中的布艺沙发也可以更换不同颜色的罩套，到了春天不论采用何种底色，都可以在主导色中加入几缕绿色，让家中飘起绿意。将清新而柔软的绿色

靠垫，或放在客厅的沙发上，或靠在卧室的床边，或是摆在阳台的凉椅上，这样都可以带来春天明媚的气息。

到了夏天不妨选一款有较好遮阳、隔音效果的窗帘，这是卧室降温的好办法——遮阳窗帘可以帮助反射掉一部分阳光，同时也兼具吸收阳光的作用。白天不在家的时候拉上它，晚上回家时就不会被热气蒸腾了。另外，对室内的台灯可以进行一番小小的改造：换一个浅色，最好是白色的灯罩，以此来制造冷色调的光源；当然你也可以简单地将原来的暖色灯泡换成白色。这样，躺在床上，会觉得空间一下子清凉了许多。值得注意的是，灯泡的瓦数不宜太高，过于明亮的灯光也容易让人心情烦燥。

如此类推，到了秋天、冬天窗帘、沙发套可以逐步换成橘黄、紫红等深一点的色彩，让室内充满暖意，见图3-31。

图3-31　冬天用双层窗帘，白天引来暖和的阳光，夜来使室内充满了温馨

第五节　光影装饰

光影装饰是指通过人工照明或自然照明改善室内空间感觉，提高室内装饰艺术效果的做法。

照明除提供光亮外，还可以通过光色的处理、光影的变化、灯具的不同造型，来增加空间的层次和深度，增添生活的情趣、增强室内环境的艺术水准，使静止的空间生动起来，创造出美的意境和氛围。

室内光影装饰应该着重解决光色处理、光影变化和灯饰效果三个问题。

一、光色处理

光色即光的色彩，是由光源色温决定的。一般情况下，色温低的光源带红色，可以使环境产生稳定的感觉。随着色温升高，光色逐渐从红色转为蓝色，给人一种爽快、清凉、有些动态的感觉。在同一色温下，照度值不同，人的感觉会不一样。为了调节冷暖感，可根据不同地区不同场合的情况，采取与感觉相反的光源来增加舒适感。如在寒冷地区宜使用低色温的暖色光源；在炎热地区宜使用高色温冷色光源。

图3-32 简约、和谐的照明设计给人带来心理满足

光色效果同照明方式有一定关系。如在某一空间用整体照明与投射照明相结合的方式照明时，室内若亮度分布比较适当，就会给人带来愉悦的感觉，见图3-32。照度比较低、光线比较柔和，容易使人放松情绪；光线色彩鲜艳，有闪烁的功能，令人感到欢快。照明比较均匀，被照面反光性能好，室内就会显得比较清晰。

当然光色效果在室内空间环境中绝不是孤立和分割的，它必须与室内空间环境和实际需要有机地结合在一起，并和其他装饰元素等相配合，发挥共同作用并整体服务，所产生的效果亦是共同作用后的综合效果，见图3-33。室内光照还有一个特点是可以用光色来分割、装饰空间，这样做较之用实体来分隔要灵活得多。有意识地利用照度不同的灯具进行布置，可以使光线像一把无形的剪刀把一个大空间划分成几个相互融通却又明暗不同、情趣各异的小空间，并产生一个朦

图3-33 光色效果必须与室内环境有机结合

朦的中介状态的空间，给空间组织带来十分诱人、令人赞叹的艺术效果。

二、光影变化

光和影都属于特种艺术。从照明角度来说，一般室内不希望光造成影，也就是不希望带来阴影，因为阴影会使人产生错觉现象。但是，如果室内需要创造一种艺术气氛或有其他特殊需要，那么就应通过巧妙的照明设计，使室内出现特殊的光影。因为光影技术，会给人们带来非常别致的审美效果。光影相衬，才会有对比，有烘托，有情趣，如果室内没有一丝光线，没有一个影子，漆黑一团，那就无审美而言了。室内这种光影效果可以设法表现在天棚上、墙上、地面上，此时如果再加上某些陈设物品的搭配，以及色彩上、外形上的变化，室内就会营造出使人变幻莫测、叹为观止的艺术环境。比如，在室内绿色植物背后布置向上射光的灯具，将植物的影子射向顶部，那么天花板上就会形成枝枝叶叶、斑斑澜澜的，令人神往的戏剧性效果。而将光线射到水面上，则可利用水面反射灯光成景，使人产生深虚新奇的联想。

当今随着高科技的发展，出现了一些新的光源，包括新型的荧光灯、光纤、LED灯等，这些光源能组成不同的光带、光环、光池、光圈，为光影设计提供了极为丰富多彩的场景，图3-34是在一个半透明的艺术室顶部，通过一个散光板，把光影打在墙上，使墙面上浮现出白色浇筑混凝土结构体的图形，犹通如树枝光影，在夜幕下一片朦胧，如梦如醉。图3-35是在一个现代厨房中，过嵌入式灯的照明，墙上出现的扇贝形光影。这种光影富有装饰性，具有韵律感，在走道、娱乐场所、大型商场都可应用。

图 3-34　艺术室朦朦胧胧的树枝光影

图 3-35　厨房内的扇贝形艺术照明

在光环境设计中，设计师可以巧妙地利用各类照明装置，选择适当的发光强度和照明角度，在透明或半透明的散光板上设置某些奇异的图案，制造光影效果，使室内空间丰富而生动。光影设计有时可以光为主，有时可以影为主，有时则光影并举。光影的效果可以是千变万化的，问题是要在适当的部位采用恰当的方式，来突出空间设计的主题思想，丰富空间内涵，获得绝妙的艺术效果。

三、灯饰效果

光影装饰除了有本身的艺术效果外，还有一个是配合营造室内风格及用途的问题。中国的宫灯显示中国的传统特色。大红灯笼高高挂起，不但大量应用在中国古代建筑的大门装饰中，在需要突出表现中国特色的现代室内空间中亦常得到运用。日本用障子纸制作的和式灯具，同样有着鲜明的民族性，可以使室内呈现出一种朦胧的环境氛围，让人们在这里抒发禅意、感悟人生。灯饰选配从艺术风格上讲，其造型、色彩应与居室主人或经常使用人的审美取向相匹配。

图3-36　风格简洁、明快的装饰，使室内具有现代时尚的感觉

西式浪漫的家庭装饰应配之以具有曲线优美、复杂造型、镀金辉煌，具有西方宫廷奢华风格的灯饰；现代时尚的家庭装饰需要简洁明快、个性鲜明、造型独特、讲求独树一帜的前卫风格；古典风格的居室特别强调氛围情调的浓郁，古朴别致的铜质灯饰正符合这一需求，见图3-36。

　　在室内选择灯饰，特别要注意场合。如博物馆就需要选用一些特殊灯具，以尽量减少光线对珍贵展品的损伤；在咖啡厅内，常需要暗淡柔和的光线，以形成温暖舒适的气氛，满足淡心、休息、欢乐的心理需求，为此采用暖色调带遮光灯罩的白炽灯为宜，图3-37；在舞厅内则需要选用专用灯具，使灯光强弱、色彩的变化与舞曲的更替变换协调一致，以形成一种热情奔放、五彩缤纷、变幻莫测的效果；在大堂、宴会厅内，则需选用装饰性强、高贵

图3-37　暗淡柔和的光线，形成温暖、舒适的气氛

华丽的灯具，体现出热烈庄重的气氛，使人们产生一种艺术感受，图3-38；而在居家室内，应尽量避免五颜六色的旋转彩灯。从颜色上讲，客厅、书房、

厨房中，起主要照明作用的大灯最好选择冷色调灯饰，也就是可以发出白光的灯饰；而卧室、卫生间、阳台宜采用发黄光的暖色光源，见图3-39。局部照明时，应用遮光性好的台灯，以阻挡这类光源所含的较多红外线辐射。尽量少在墙上装镜子、玻璃等饰品，同时避免用日光灯，防止紫外线和蓝光对皮肤及视网膜造成伤害。在选择灯具时，还应考虑用图案形成统一的系列灯具，这样可以使原来比较混乱的室内环境变得有条理，有秩序。

值得一提的是，光影装饰，

图3-38 装饰性强的灯具，带来了热烈庄重的氛围

只能是以装饰照明为目的的独立照明，一般不兼作重点照明或基本照明，否则会削弱灯具光影的功能及其艺术形象。光影设计有时可以光为主，有时可以影为主，有时则光影并举。光影的效果可以是千变万化的，问题是要在适当的部位采用恰当的方式，来突出空间设计的主题思想，丰富空间的内涵，获得绝妙的艺术效果。

图3-39 发黄光的暖色灯饰，带来温馨的氛围

第六节 线形装饰

任何具有装饰性的物体、图案都是由线条组成的。人们可以通过线条的表现来观察物体的主要倾向及图案的装饰意念。根据线条的不同形式，就得到某种联想和感受，并引起感情上的反响。

一、线条的分类

线条可分两类：直线和曲线。直线有垂直线、水平线、斜线和折线四种；曲线分几何曲线、有规律的曲线、自由曲线三种。在几何曲线中有弧线、抛物线、双曲线三种。不论直线还是曲线，都有粗、细、长、短之别，它们会反映出不同的装饰效果。

二、线条的特色和装饰效果

在装饰设计中，线条有一定的性格特征，不同的线形可以表达不同的创作意图。

1.垂直线

垂直线因其垂直向上，表示刚强有力、正直、权威，具有严肃的刻板的男性性格。在室内装饰中使用直线会使人感到室内空间有高度、有向上的一种力量，尤

图3-40 竖线条的装饰增加卧室气势

其是在室内偏低的情况下，利用垂直线可造成增加层高房、增加气势的感觉。但过多使用垂直线会显得单调，为此必须再使用一些水平线和曲线，使僵硬得到软化，见图3-40。

直线中的粗直线更会给人坚强、有力、厚实、粗壮的感觉。细直线则有轻松、秀气、锐利的感觉。

图3-41 横线条的装饰增加室内舒缓感

2.水平线

水平线使人感到宁静轻松，它有助于增加房间的宽度和引起随和、平静、稳定、舒缓、开阔的感觉，水平线常由室内桌椅、沙发和床而形成，或由于某些陈设处于统一水平高度而出现，使空间具有开阔和完整的感觉，见图3-41。

在室内装饰中，水平线用较多时，就要增加一些垂直线，形成一定的对比关系，使室内显得更有生气，见图3-42。

3.斜线

斜线是直线中的一种形态，它有运动、发射、不稳定的感觉，在室内最难使用，往往会促使目光随其移动。因而在室内装饰中不宜过多使用。

4.折线

折线也是直线中的一种形态，

图3-42 直线与水平线的结合，使室内显得更有生气

图3-43 天花折线形的装饰，使室内变得活跃起来

它具有节奏动感、活泼的特点，在装饰中也不能多用，否则会给人造成焦虑、不安的心境，见图3-43。

5．几何曲线

几何曲线变化几乎是无限的。由于曲线是不断改变方向的，因此，富有动感，不同的曲线会表现出不同的情绪和思想。几何曲线它具有比例性、规整性、单纯的和谐性，使其更符合现代人的审美感，因而在软装饰中广泛使用。曲线有女性美的象征，圆的或任何丰满的动人的曲线，会给人以轻快柔和的感觉，有时能体现出特有的文雅、活泼、轻柔的美感，当然如果使用不当也可能造成软弱无力和烦琐或动荡不安的效果。曲线的起止是有一定的规律的，突然中断，会造成不完整、不舒适的感觉，这是和直线的区别，见图3-44。

图3-44 几何曲线装饰给人轻快柔和的感觉

6．自由曲线

自由曲线能不受限制地自然伸展，显得圆润而有弹性。设计师常常利用自由曲线去追求韵律感，因而更富有人情味，具有很强的表现力，见图3-45。

在室内软装饰中，应该有序地对线与线加以组合，如直线与斜线、直线与曲线、曲线与曲线之间彼此交错，并设法进行加减、断续、隐露、粗细、疏

图3-45　自由曲线的装饰富有人情味

密，使装饰形成一个整体。由于不同线形的组合会使装饰的图案不断变化，这样可避免单种线形性格缺陷而显得单调、乏味。在装饰过程中，除了线与线之间的组合外，还要考虑线与面的组合，面有密集的线条组成，具有整体感、宏大感的特征。面可分几何形、有机形、偶然形、平面形、与曲面形等。线与面的装饰结合可以使室内环境变得生动、活泼，见图3-46。

图3-46　直线与曲面的融合、交错使室内生动而活泼

第四章

软装饰与室内风格

　　室内装饰风格是人们通过长时期的生活实践，并受到当地人文因素和自然条件的影响，逐步总结、积累形成的。它与社会体制、生活方式、文化潮流、民族特性、风俗习惯、宗教信仰等因素都有关系。经典的装饰风格可分为传统装饰风格、现代装饰风格、新古典装饰风格和自然装饰风格等。不同的室内风格，配置着不同的软装饰内容，如中式风格中有明清家具、文房四宝、卷轴字画、丝绸织物、蓝印花布、盆景假山等，其特点是清新、淡雅；西欧古典风格中往往有雄伟的罗马柱、欧式的壁炉、精美的罗马帘、华丽床罩、精致的地毯、高贵的油画、厚实的丝织帷幔、薄薄的纱幕等，其特点是浓彩、奢华；现代风格中虽然没有标志性的软装饰。但是其家具、陈设物都简洁、轻巧，而且质地纯正、工艺精细、线形流畅。色彩上常用白色、灰色等中性色调。它的特点是强调功能，以实用、简洁、舒适为原则，以采用现代材料、技术、工艺作为行为方式，往往融合多种元素，创造出新颖、美观的格调，因而受到现代人士的欢迎。

　　软装饰是构成室内风格特征、环境氛围中的重要因素。作为一个室内设计师必须首先掌握各类装饰物本身的风格、色彩、材质特征，然后将它融入到室内的主体风格中，与整个室内环境相协调，使软装饰成为创造人性化室内环境的重要手段。

第一节　中国传统装饰风格

中国传统装饰风格，即中式装饰风格。

中国绵延数千年封建王朝的统治，固步自封，唯我独尊，竭力排斥外来文化，使建筑形态基本上保持了隋唐时代以来的一贯特征，室内装饰特征未发生很大变化。现在我们指的室内中式装饰风格，一般是指明清以来逐步形成的中国传统装饰风格。

一、基本特征

中国传统装饰风格蕴含着三种重要品质：

第一，具有庄重、典雅的气度，布局对称、均衡，代表了敦厚、方正的礼教精神。

第二，具有潇洒、飘逸的气韵，在装饰图案中，喜欢用龙、凤、虎、人等作为题材，象征着含蓄、超脱的灵性境界。

第三，具有简洁、明快的气息，色彩纯正、对比、调和，而且常用花、草、鸟、虫作画，体现了人与环境的和谐共生，见图4-1。

中式传统风格室内多采用

图4-1　对称、均衡是中式风格的表现手法

对称式的布局方式，从室内空间结构来说，以木构架形式为主，格调高雅清新，造型简朴优美，同时非常进究空间的层次，常用实木隔扇、屏风配以精雕细刻的嵌花分割空间。如果居室比较开阔，会做成一个"月亮门"式的落地隔扇，成为居室中引人注目的点睛之笔。

二、色彩

在色调上，中式传统风格色彩比较浓重，居室常以红、黑、黄，这些最具中国传统的颜色营造室内氛围，色彩讲究对比。中式装饰材料以木质为主，讲究嵌花彩绘，造型典雅，经过工艺大师的精雕细刻，往往每件作品都有一段栩栩如生的历史故事，而每件作品都能令人对过去产生怀念，对未来产生一种美好的向往。

中国传统建筑中宫廷、寺庙一类建筑色彩比较鲜艳，而且多用原色，色不掺混，对比调和。室内梁柱上半有的用蓝、绿色调，下半多用红色，以绛红色为主。厅棚分"天花"、"藻井"两种形式，均施彩画，以蓝、绿色为主，黑、白、金三色相间。民居建筑常用栗、黑、红、黄等传统色彩营造室内气氛。在江南水乡的民居中，通常会出现由黛瓦、白墙、灰砖组成的一幅幅优美、秀丽、淡雅的中国水墨画卷，令人赞叹。

三、布艺、纸艺

中式装饰风格中的布艺、纸艺十分精致，上面往往有用典型中式向心团花纹作为构成形式，以中国红居多的色彩、民俗故事和绣艺交相融合的图案，而且"图必有意，意必吉祥"。用精细繁复的雕刻表达立意，这是中国古老布艺凝聚了几千年来最美好心愿的传达。例如雕刻成福字纹、万字纹、喜字纹、寿字纹等古汉字，这是中式家居布艺常见的装饰纹样。各类花卉题材纹样也不例外，牡丹寓意宝贵吉祥，常在客厅布艺中出现；绘有梅、兰、竹、菊等传统寓意高洁的布艺则通常装饰于书房；而龙、凤、鹤、鱼、麒麟等象征祥瑞的动物造型同样广受青睐，另有加官晋爵图、百子图、渔樵耕读等有着丰富文化意蕴的纹饰，也在中式家居布艺中大行其道，备受关注，见图4-2。

四、家具、陈设

明清古典家具是中国传统家居文化的代表，其最大特点是风格古朴自然，外观线条圆润，整体造型简练，工艺精湛细致，格调端庄典雅，体现了功能与精神的结合。用料考究是中式家具的价值体现。通常中式家具的材质都是硬木类中的红木，宫廷用家具更是表现其贵气，用的是红木类中的极品黄花梨和紫檀。这类树木目前已十分少见，因而人们都说它价值连城。家中有古典家具就好比放了陈醋百年的好酒，淳厚醉人。

图4-2 向心团花纹是中式布艺的一种构成形式

中式红木座椅在使用时经常会加上一个绣花的柔软布艺靠垫，或雕有中国元素纹饰的靠背，使厚重的家具得以"稀释"硬软结合在视觉上给人以协调见图4-3。

中国传统室内陈设讲究对称与层次，注意文脉意蕴。为渲染气氛，擅用字画、卷轴、古玩、金石、山水盆景等加以点缀，引来满室书香，一堂雅气，以追求一种修身养性的生活境界。人们天天置身于这样一个充满书卷气的环境中，观芝兰之风雅，赏竹菊之清幽，使身心得到艺术的陶冶、纯美

图4-3 中式座椅上的柔软布艺靠垫

的享受。这种陈设格局是中国传统文化和国人生活修养的集中体现，也是我们今天进行现代居室设计需要继承、借鉴的宝贵文化遗产。见图4-4、图4-5。

图4-4　中式风格陈设讲究层次变化

图4-5　中式室内陈设对称、典雅，具有文脉意蕴

图4-6　中式屏风多用木雕或金漆彩绘

五、屏风

中式屏风多用木雕或金漆彩绘，隔扇是固定在地上的，隔扇用实木做出结实的框栏以固定支架，中间用棂子、雕花做成古朴的图案。屏风的制作多样，由挡屏、实木雕花、拼图花板组合而成，还有黑色描金屏风，手工描绘花草以及人物、吉祥图案等，色彩强烈，配搭分明，见图4-6。

六、植栽

植栽、花艺也是中国式室内装饰的一大亮点。特别到了新年，人们都讲究好彩头，喜欢布置一些有着相应花语的植物，比如把龙眼干串在一起，犹如鞭炮，代表福；室内插一点竹子代表禄；搬进松、柏、杉类植物代表寿。按照中国传统文化牡丹、红掌代表喜庆；金黄、银色的植物，如银杏、金黄的蟹菊等，代表财。

七、饰品

中国传统风格室内装饰中的饰品品种繁多，含义丰富，妙趣横生。比较常见的有中国结、宫灯等。每当春节来临，人们悬挂辣椒形状的中国结寓意来年红红火火，彩球式中国结寓意财源滚滚。悬挂精致的红色宫灯，使居家充满了喜庆和欢乐。

第二节　日本传统装饰风格

日本传统装饰风格，即和式装饰风格。13～14 世纪日本佛教建筑继承了日本佛教寺庙、传统神社和中国唐代建筑的特点，采用歇山顶、深挑檐、架空地板、室外平台、横向木板壁外墙、桧树皮茸屋顶等组成建筑形态，外观轻快洒脱，形成了较为成熟的日本和式建筑。

一、基本特征

和式装饰风格直接受日本和式建筑影响，并将佛教、禅宗的意念，以及茶道、日本文化融入室内设计中，讲究空间的流动与分隔，流动则为一室，分隔则分几个功能空间。设计中常用简洁、朴实的线条和色块来表现，壁面色彩在去芜存菁后"留白"，如此，在悠悠的室内空间中，让人们在这里抒发禅意，感悟人生，静静思考。

"和室"布局简洁，追求自然的装饰风格，给人以朴实无华，清新超脱之感，其最大特色是，进口处用格子推拉门与室外分隔，室内用榻榻米席地而坐或席地而卧，运用屏风、帘帷、竹帘等划分室内空间，使之白天放置书桌就成为客厅，放上茶具就成为茶室，晚上铺上寝具就成了卧室，由于和室建筑都是木质结构，又不加修饰，使整个环境显得简约、朴实，给人一种自然、清新、超脱的感觉，见图4-7。

和式风格的空间造型极为简洁，在设计上采用清晰的线条，而且在空间的划分中摒弃曲线，具有较强的几何感。装饰织物以平淡节制、清雅脱俗风格为主，强调人与自然统一。在空间布局上力求形成"小、精、巧"的模式，利用檐、龛空间，创造特定的幽柔润泽的光影，见图4-8。

图4-7　和式风格常用竹帘、帘帷分隔空间

图4-8　和式风格造型简洁、空间通透

二、色彩

日本是个岛国，四面环海，自然景观变化多端，森林资源十分丰富。因此，传统建筑均以木构为主，这对日本人的色彩感觉和审美情趣都带来了深刻的影响。普通日本民众，室内都偏重原木色，以及竹、藤等天然材料颜色，呈现自然风格。层次高一点的日本人，室内顶面材料喜欢采用深色的木纹顶纸饰面，墙面一般是白色粉刷，采用浅色素面暗纹壁纸饰面，使室内空间呈现出素淡、典雅、华贵的特色。有些人还采用一种颇有新意的竹席饰材进行吊顶，营造出自然、朴实的风格。

三、纸艺

和室装饰中用福司玛、障子纸制作推、拉门及和式灯笼等饰物是其一大特色。推、拉门多用桧木制作，有用手绘的福司玛，也有木格绷障子纸。福司玛也称浮世绘，一面是纸一面是棉布，布面有手工绘制的图案，作为制作推拉门的材质；障子纸是日本传统工艺制作的专用面材，一般用于格子门窗及和式纸灯，两面采用木纤维制成，营造一种朦胧的环境氛围。

四、家具

和式家具品种很多，但有特色，主要是榻榻米、床榻、矮几、矮柜、壁龛、暖炉台等。家具注重材料的天然质感，虽然比较矮小，但线条简洁、工艺精致，这与日本民族内敛、严谨的气质有关联。暖炉台是另一种日本特色家具，这种台底下有炭火，台上面盖上毯子，大家可以一起把脚伸进台下取暖，平时作餐桌或茶几用，冬天作暖炉用，见图4-9。

图4-9　榻榻米是和式室内主要家具

五、饰物

和式装饰风格的饰物主要有：蒲团（日本式）、垫子、人偶、持刀武士、传统仕女画、扇形画、写意的日式插花、壁龛（用于放轴画、饰品、供佛像）、灯笼（日本式和纸灯笼居多）等，见图4-10。很多室内都设有壁龛，专供奉佛像的壁龛称为佛龛，作为室内的视觉主体。和室内明晰的线条、纯净的壁画、横幅的篆体书法、卷轴字画，充满日本传统的文化韵味。室内悬挂宫灯，用伞作造景，格调简朴而高雅。

图4-10　和纸灯笼、蒲团是和式室内的主要饰物

第三节　西欧古典装饰风格

西欧古典风格以古罗马和古希腊为代表，它们是西方文化的源头，历史悠久，类型多样，对西方乃至世界设计的发展，有至关重要的作用。其中影响较大的有古罗马风格、欧州中世纪风格、文艺复兴风格、巴洛克风格、洛可可风格 等。

一、基本特征

1.古罗马风格

早在公元前 5 世纪罗马帝国兴盛时期，在古罗马、古希腊的室内装饰中，特别是在山形墙、檐板和柱头等建筑细部就出现了涡卷、莨苕叶饰、桂冠、花环、竖琴等古典装饰图案，使室内充盈着优雅、富丽的情调，反映出达官贵人追求奢华生活的欲望，这便是在室内装饰中形成的古罗马风格。

2．中世纪风格

罗马帝国衰亡后，至文艺复兴期间，西欧建筑的室内装饰中出现了拜占庭风格、仿罗马风格、哥特风格，总称中世纪风格。

在拜占庭风格中，室内装饰已十分讲究。到公元 6 世纪时，由于丝织业的兴盛，使家具的衬垫、覆盖装饰和室内壁挂以及帷幔等饰物得到了很快发展。部分丝织品以动物图案为装饰，明显地表露出波斯王朝的特异风格。

仿罗马风格，以罗马传统形式为主体，室内的特点是常用各色小石片镶嵌装饰。当时最为出色的贮藏家具为高腿屋顶形盖的柜子，它的正面采用薄木雕刻、简朴曲线图案或玫瑰花饰，风格与木质椅子上面的怪兽和花饰一样，带有浓厚的拜占庭色彩。

哥特风格表现在尖顶、尖塔和飞扶墙等细部的灵巧结构上面。垂直线形之中显示出飞腾超脱的意象。尖拱中有碎锦玻璃窗格花饰，表现了神秘的宗教气氛。后期哥特式家具装饰有两种风格：一种以尖拱和窗格花饰为主；还有一种叫做折叠亚麻布装饰，风格纤细高贵而华美。

3．文艺复兴风格

文艺复兴是指公元15世纪初，在意大利为中心展开的文艺复兴运动中所形成的建筑风格。

文艺复兴风格是以古希腊和古罗马风格为基础，加上东方和哥特式装饰形成，并用新的表现手法对山形墙、檐板、柱廊等建筑的细部重新进行组织，而后获得了崭新的形式。不仅表面出稳健的气势，同时又显示出华丽的装饰效果。此时在家具的细部中揉合了螺纹座、莨苕、菱藤、女体像柱、天使、假面、怪兽和圆形装饰，既体现了原有的端庄，又具有了纤巧的特点。由于其造型设计有纯美的线条和合适的古典式比例，有螺旋状的雕刻，有优美的镶嵌细工和夸大的镀金相结合，用雕刻来丰富家具表面，使意大利古典家具给人一种平淡的感觉，细细品味像一件优秀的绘画作品，见图 4-11。

图4-11 螺旋状的雕刻、优美的镶嵌细工是欧式家具特色

4.巴洛克风格

文艺复兴风格到了17世纪中期逐渐演变成为巴洛克风格。这种风格发源于意大利，后来影响到整个欧洲大陆。它的形式以浪漫主义精神为基础，在造型意识上与古典主义针锋相对。古典主义倾向于理智，形式严肃、堂正、静态、高雅，而浪漫主义风格则倾向于热情、华丽、柔美，表现出一种动态的美感。巴洛克风格一直有着突出醒目的轮廓，高大的廊柱和圆顶以及巨大的空间布局，珍珠壳、美人鱼、花环、卷纹等雕饰图案的运用，金箔贴片、描金涂漆等手法的熟练，令人爱不释手。贵族阶层认为这种雄伟的巴洛克风格和艺术不仅使人印象深刻，还能彰显权力和地位，见图4-12。

图4-12 巴洛克风格的浪漫主义情调

巴洛克风格在富丽堂煌的宫庭装饰中，以装饰奢华为主要风尚。室内墙面装饰多采用大理石、石膏灰泥和雕刻墙板制作，再装饰华丽多彩的织物、壁毯或大型油画。高大的天花板用精细的模塑装饰，并有宽敞的地面，铺上华贵的地毯。家具的造型体量很大，并精工雕刻。法国路易十四式靠椅特别豪华，椅背、扶手和椅腿部分均采用涡纹雕饰，配上优美的弯腿，整体上有优雅、柔和的效果。座位和背垫均饰以高

图4-13 高贵的锦缎床及沙发，色彩强烈、动人

贵的锦缎等织物，色彩强烈动人，见图4-13。

5.洛可可风格

到了18世纪30年代法国的巴洛克风格，逐步演变成洛可可风格。它的特点是住宅与家具的体量呈现出灵巧亲切的效果。室内墙面的半圆柱或半方柱上改用花叶、飞禽、蚌纹和涡卷等雕饰所组成的玲珑框档装饰。室内和家具常以对称的优美曲线作形体的结构，雕刻精致，装饰豪华。色调淡雅而柔和，并用黑色和金色增强其效果。典型的靠椅形体低矮而舒适，采用雕饰弯腿和包垫扶手。其他如长榻、沙发、床、写字台和衣橱等家具在风格上也极端华丽。特别是沙发靠背、扶手、椅腿等大都采用精美典雅的雕花，线条流畅造型唯美。沙发的布料是由意大利进口，材质是胡桃木，色泽很温暖，见图4-14。

图4-14 洛可可家具造型典雅、线条细腻

二、软装饰

在西欧古典装饰风格中，织物装饰常常采用厚厚的丝织帷幔，薄薄的纱幕、老式的布艺沙发、华丽的地毯，在材料选择方面以纯棉、绸缎、锦缎等为多，在细部创意上，则注重蕾丝花边的加工，极力营造立体美，以体现古老帝国的

高贵与优雅。装饰布的纹样一般传统且华丽雍容，常用色彩主要有深橄榄绿色、金黄、米黄、深紫红、深红、黄、深蓝、深紫、深棕等，也有用白色。与中国锣鼓喧天的热闹不同，西方的新年有着更多的虔诚祈祷，因此灯光和局部家饰的搭配是至关重要的。水晶灯是客厅的灵魂，客厅又是新年聚会的主要承办地，拥有一盏颇有古意却又璀璨辉煌的水晶灯是西方人的新年盼望，见图4-15。

图4-15　厚厚的帷幔、薄薄的纱幕是欧式软装的特色

西欧古典风格历史悠久，过去被达官贵人视为"至宝"、"神明"，而当代许多人更呈现其中的个性及文化遗产价值。因而西欧古典风格同样受到现代人的追捧。德国人崇尚严谨、质朴的实用主义，他们对古典风格中的织物装饰，除了美观外，并强调耐用和实用；英国人具有传统的骑士精神，要求织物装饰中反映自己的社会地位和个人修养；法国人讲究品味，追求高贵，反对古典风格装饰掺入庸俗的织物装饰，拿破仑用天鹅绒及丝绸装饰邸宅和宫殿，至今后人还纷纷效仿；意大利人主张权力和与悦乐主义，他们认为使用织物装饰是为了给自己及大家带来欢乐的感觉，见图4-16。

图4-16　多重皱的罗马窗帘是欧式风格的写照

第四节　新古典装饰风格

一、基本特征

新古典装饰风格兴盛于18世纪中期，在形式上它反对繁复、奢华的巴洛克风格和洛可可风格，主要强调精神的尊严、宁静，结构的单纯、均衡，以及比例的准确、优美。同时它努力发展古希腊、古罗马文明鼎盛期的作品，或庄严、或典雅，在某些细部喜欢用古典的典型图案进行点缀。新古典主义风格发展到现代，更是主张古典与现代的完美结合，努力用现代的材料和加工技术去追求传统样式的大致轮廓特点，见图4-17。

图4-17　新古典主义主张古典与现代的完美结合

二、软装饰

新古典装饰风格十分注重装饰效果，用室内陈设品来增强历史文脉特色。同时它十分崇尚自然，崇尚人体比例之美，在建筑比例中，严格采用人体的黄金比例，并从中寻找设计的灵感，使新古典主义至今在世界领域被广为采用，并且不断演变发展。

新古典装饰风格兼容华贵典雅与时尚现代，把怀古的浪漫情怀与现代人对生活的需求相结合，将古典的繁复装饰经过简化，与现代的材质相结合，从而呈

图4-18 新古典装饰风格呈现出既古典又简约的新风貌

现出古典而简约的新风貌，使居室显出大方稳重的贵族气质，并体现温暖气息。居室装饰中，白色、黄色、金色、暗红是新古典风格中常见的主色调。而新古典风格的设计师喜欢在这些主色调中揉入少量亮色，使颜色看起来不那么厚重，而整个空间则略显跳跃，见图4-18。

在装饰织物的运用中，新古典主义试图抽离西方古典时期的精髓，以饱满、婉约的线条融入现代风格中。他们强调形象的简扼有力，强调整体的美感及实用性，善于营造一种清淡优雅的风韵。新古典的形象一般比较精练、简朴、雅致，装饰纹样的题材有：玫瑰、水果、叶形、竖琴、花环、花束、丝带等，见图4-19。

图4-19 新古典主义装饰营造清淡优雅的风韵

第五节 现代装饰风格

19世纪中叶，欧美各国掀起了工业革命，钢铁结构、玻璃等新材料、新技术在建筑中广泛使用，设计界出现了一股强大的带有鲜明理性主义色彩的现代主义建筑思潮。到了20世纪初，现代建筑运动的创始人W·格罗庇乌斯（W·Gropras）在德国创立鲍豪斯（Bauhaus）学派，成立了世界上第一所完全为发展教育而建立的设计学院，使现代设计得到了空前发展。这个学派强调突破旧传统，缔造新建筑；强调实用性，重视功能性；主张造型简洁，反对多余装饰；崇尚合理的构成工艺，发挥材料的自身性能。在空间布局上采用不对称的构图手法，努力反映工作革命的新成果。鲍豪斯运动给建筑业，甚至是整个创造业带来了全新的变化。随之，各种具有现代特征的建筑风格相继出现，主要有简约风格、自然风格、乡村田园风格等。

一、基本特征

现代装饰风格中把现代抽象艺术的创作思想及其成果引入室内装饰设计中，极力反对从古罗马到洛可可等一系列旧的传统样式，力求创造出一种从功能出发，适应工业时代潮流，独具新意的简化装饰。简约而实用，是现代风格之精髓。这种设计通俗、清新，体现了现代生活的快节奏和实用性，从而更接近人们生活，使装饰富有时代气息，见图4-20。

图4-20 现代装饰风格，富有时代气息

二、软装饰

现代风格的室内装饰，强调室内空间的使用功能，重视功能分区的原则，室内线条简洁，空间在整体上显得干净、利落，在装饰中主张废弃多余的繁琐的装饰，使织物装饰与空间完善结合。同时强调织物装饰要"面向工艺"，吸收现代科技的先进成果，采用新材料、新工艺，追求流行和时尚的感受。在色彩运用方面，喜欢选用最能表现现代风格的白色。另外，使用非常强烈的对比色彩效果，例如黑色配上白色、白色配上红色、红色配上黑色等，见图4-21，创造出现代人独特行为的个人风格。

图4-21 现代风格喜欢选用白色，并具有强烈的对比色彩效果

对于现代装饰风格，我们不能单独地把它看成是对古典繁琐风格的一种逆动，认为它缺乏文化、缺少情趣。实际上它所强调的与工业的联系，设计中采用简约的线条和造型，本身就代表了科技的进步及人们生活方式的进化。这是一种新型的文化，对整个社会都有积极的影响。简约不是简单，更不是空洞、贫乏。简约是一种直白的装饰语言，它崇尚精简、大气、提倡用最少的元素、色彩、照明、饰材反映出更多的灵感、更好的质感，其目标是"简美"，它是创新现代风格的灵魂，见图4-22。

图4-22 大气、简美是现代风格的灵魂

第六节 地中海装饰风格

地中海装饰风格主要是指沿欧洲地中海北岸，如西班牙、葡萄牙、法国、意大利、希腊一些国家南部沿海地区以及北非的民居住宅。

地中海文明古老而遥远、宁静而深邃。地中海风格因富有浓郁的地中海风情和地域特征而得名，它注重表现自然质朴的气息和浪漫飘逸的情怀。"自由、自然、浪漫、休闲"是地中海风格的精髓，对于久居都市，习惯了喧嚣的现代都市人而言，地中海风格给人们以返璞归真的感受，同时体现了对于更高生活质量的要求。

一、基本特征

地中海装饰风格的室内空间设计线条简单而且修边浑圆，显得比较自然，不是直来直去。因而不论是家具还是建筑，都形成一种独特的浑圆造型。室内窗帘布、桌布与沙发套，大多用棉织物。低彩度色调图案中常用素雅的小细花条纹、条纹或细花，见图4-23。

图4-24是一个比较典型的地中海客厅。这个客厅典雅又充溢着柔情，淡色碎花纹的布

图4-23 地中海装饰风格都有独特的浑圆造型

图4-24　地中海布艺软装使居室显得清新自然

艺软装把空间打扮得格外自然清新，犹如年轻秀美的姑娘含蓄羞涩。在客厅中央隔置一款略带波斯民族艺术感的茶几，纯白色的外观也在无形之间成了视觉焦点，与顶面的复古铜制大吊灯相互影响，简洁与繁琐的对比，使空间多了份层次感。深色调的地砖低调地融合在客厅里，与墙面、顶面组成了一个完整的柔性空间。在这里不仅运用了较淡雅的布艺来衬托空间，焕发地中海的浪漫气息，同时还恰到好处地把鲜花带入居住环境里，使空间更增添令人陶醉的情趣。

二、色彩

地中海风格有纯美的色彩组合。在这里由于光照充足，所有颜色的饱和度很高，体现出色彩最绚烂的一面。其中典型的颜色搭配有三种：

一是蓝色与白色搭配。这是比较典型的地中海颜色组合。希腊的白色村庄与沙滩和碧海、蓝天连成一片，甚至门框、窗户、椅面都是蓝与白的配色，加上混着贝壳、细沙的墙面，小鹅卵石地，拼贴马赛克，金银铁的金属器皿，将蓝与白不同程度的对比与组合发挥到极致。通过蓝与白两种颜

图4-25　蓝色和白色家具搭配，打造休闲清爽的地中海特色

色的不断交错、相互辉映，于是在这里出现了无数的屋宇、商店、教堂勾勒出地中海风格中特有的色彩和迷人的风情，见图4-25。

特别是白色，在这里可以说是铺天盖地，白色的外墙、白色的村落到处可见。白色，不仅象征着这里纯白自然的浪漫情调，也将无限的遐想引入普通的居家生活中。在纯白色的视觉包裹下，在这里，许多居家中由深、浅褐色马赛克相间拼贴而成的中亭墙面显得极为精致幽雅，把小小居室氛围推出超群品质。餐厅中心的一组白色餐桌家具，妩媚的线条勾勒出一幅生动的画面，一第深邃的走廊，寂静的白色会让主人、客人的心慢慢安定下来，踏着轻悦的脚步晃悠在小廊上，让嘈杂的情绪都立即抛开，换来舒适、惬意的地中海心情。

二是黄、蓝紫和绿搭配。南意大利的向日葵、南法的薰衣草花田，金黄与蓝紫的花卉与绿叶相映，形成一种别有情调的色彩效果，十分具有自然的美感。

三是土黄及红褐搭配。这是北非特有的沙漠、岩石、泥、沙等天然景观颜色，再辅以北非土生植物的深红、靛蓝，加上黄铜，带来一种大地般的浩瀚感觉，见图4-26。

地中海风格的建筑是美的建筑，

图4-26 土黄及红褐搭配是地中海风格的又一写照

地中海的美，包括海与天的明亮色彩，被海风侵蚀过的白墙、薰衣草、玫瑰、茉莉的香气，路旁绚烂奔放的成片花田，历史悠久的古建筑，土黄色与红褐色交织的民族性色彩。特别令人心旷神怡的是希腊白色村庄在碧海蓝天下的闪闪发光；西班牙的蔚蓝海岸与白色沙滩；意大利南部向日葵花田在阳光下闪烁的金黄；法国南部薰衣草飘来的蓝紫色的香气；北非特有沙漠及岩石等自然景观的红褐、土黄的浓厚色彩组合。所有这些取材于大自然的明亮色彩，构成了地中海风格的基础——明媚的阳光和丰富的色彩。

三、家具与陈设

文艺复兴前的西欧，家具艺术经过浩劫和长期的萧条后，在9～11世纪又重新兴起，并在其南部形成了自己独特的风格——地中海式风格。地中海风格在家具设计上大量采用宽松、舒适的家具来体现休闲体验。在地中海地区，家具爱用自然素材是一大特征，红瓦、窑烧以及木板或藤类等天然材质，从不会受流行左右的摩登设计影响，而且线条简单、圆润，有一些弧度独特的锻打铁艺家具，都是地中海风格独特的美学产物。代代流传下来的家具被小心翼翼地使用着，使用时间越长越能营造出独特的怀旧风味。

地中海风格的家居室内基本上也是白色，室内陈设以棉制品、贝壳为主饰，并以铸铁、陶砖、马赛克、编织等装饰为重点，同时还重视绿化，爬藤类植物是常见的居家植物，小巧可爱的绿色盆栽，门前种植的向日葵，搭配上蓝色的镶边，让人感觉舒心随意，见图4-27。

图4-27 地中海装饰室内重视绿化，摆设爬藤类植物

第七节　北欧装饰风格

北欧装饰风格又称简约风格，这是指欧洲北部五国挪威、丹麦、瑞典、芬兰和冰岛的室内设计风格。这些国家靠近北极，长久的冬季、反差大的气候、茂密的森林、辽阔的水域环境，给人们的生活带来了诗意和清静的原野气息，形成了独特的室内装饰风格。

一、基本特征

北欧的设计师们不仅从优美的大自然中吸取灵感，而且懂得如何有效地利用这种天然的资源。在建筑方面，设计师们不轻易改动四周的自然环境，即使在不同的季节，不同的光线下，也能使房屋与自然融为一体。在空间设计中，他们努力塑造一种闲散大方的空间感觉，造型利落、简洁，花纹结构精致美观，色泽自然而富有灵气，以满足人们对自然环境的索求，因而受到现代人的欢迎。

简约的北欧风格反映在室内装饰方面，顶、墙、地六个面，有时完全不用纹样和图案装饰，只用线条、色块来区分点缀，将功能与典雅结合在一起。北欧装饰风格大体来说有两种：一种是充满现代造型线条的现代式；另一种则是自然式。不过其间并没有严格的界线，很多混搭后的效果也是不错的，现在的居家不会完全遵循同一种风格，通常是以一个风格为基础，再加入自己的收藏或喜好。丹麦的设计师凯·保杰森曾说："让线条带有一丝微笑"，道出了北欧家具人情味的真谛，见图4-28。

北欧风格是现代主义风格中的一种表现，与其他风格相比，它少了繁杂，多了纯净；少了炫耀，多了自制；少了华丽，多了简洁；少了异想天开，多了实用功能。

图4-28 室内六面仅用线条、色块加以区别

北欧风格要求房屋周围保持与大自然的接触，热忱地接受自然色彩，并用它们来营造气氛，让自然景观成为室内的一景，让室内充满自然的光线。在现代建筑中，为了能充分实现室内的丰富的自然光线，在一些不便设计窗户的地方，甚至利用人工光源达到自然光线的效果，通过滤色或加色创造一种有趣的光线效果。这样自然景观和光线就成了室内装饰的主角，室内只需要最简单的家具。宽敞、整洁、简约的空间，使人感觉到平静，体现出一种简约的形式美，见图4-29。

二、软装饰

在北欧风格的室内装饰中，使用的木材基本上都是未经精细加工的原木，这种木材最大限度地保留了木材的原始色彩和质感，有很独特的装饰效果。除了木材之

图4-29 宽敞、整洁、简约的空间，体现出一种简约形式美

外，北欧风格常用的装饰材料还有石材、玻璃、布艺、铁艺等，而以木藤以及柔软质朴的纱麻布织物为主体，而且都保留这些材质的原始质感。北欧人在居家色彩的选择上，经常会使用那些鲜艳的纯色，而且面积较大。随着生活水平的提高，在20世纪初北欧人也开始尝试使用浅色调来装饰房间，这些浅色调往往要和木色相搭配，创造出舒适的居住氛围。北欧风格在色彩上的另一个特点，就是黑白色的使用。黑白色在室内设计中属于"万能色"，可以在任何场合，

同任命色彩相搭配，见图4-30。

树木和森林是北欧风格的灵魂，是北欧人勤劳、朴实、勇敢的精神的象征。他们在软装饰中经常用森林作图案，如做成树木图案靠垫给卧室生活增加色彩。用森林图案制作半圆造型灯，极富有设计灵感。北欧人喜欢用黑白或深暗色家具，他们认为黑色才能强烈地衬托出室内其他色彩的鲜艳度，同时使整个空间色调庄重、大方。他们还崇尚白色，白色犹如北欧地区终年的皑皑白雪，白色纯净，有清新、柔软、明朗的感觉。唯有黑色和白色相互存在，才能各自显示出力量，表达出富有哲理的室内设计效果。

图4-30　北欧风格在色彩上喜用黑白色

第八节　简约主义装饰风格

简约主义风格是现代风格的一种类型。现代主义建筑大师密斯·凡德罗的名言"少就是多"是简约主义的中心思想。

一、基本特征

简约主义强调的简约，决不是提倡简单。简约是一种品位，是一种大气的最直白的装饰语言，而简单则是对复杂而言，是一种省事的方法和手段，两者有着本质的区别。简约崇尚精简，但并不是没有味道，而是在赋予更大的灵感和深刻的主题。简约主义装饰风格的特色是将设计的元素、色彩、照明、原材料简化到最少的程度，同时对色彩、材料的质感要求提高。在简约的空间中以含蓄的方式达到以少胜多、以简胜繁的效果。

简约主义在形式上提倡非装饰的简单几何造型，受到艺术上的立体主义影响，主张推广六面建筑和幕墙架构，提倡标准化原则、中性色彩计划与反装饰主义立场。室内墙面、地面、顶棚以及家具、陈设乃至灯具、器皿等均以简洁的造型、纯洁的质地、精细的工艺为其特征。建筑及室内部件尽可能使用标准部件，门窗尺寸根据模数制系统设计，尽可能不用装饰，并取消多余的东西，认为任何复杂的设计，没有实用价值的特殊部件及装饰都会增加建筑造价，强调形式应更多地服务于功能，见图4-31。

图4-31　造型简约、质地纯正、工艺精细是简约主义的设计宗旨

二、色彩

简约主义的色彩设计受现代绘画流派思潮影响很大，宁静优雅的黑、白、米、银、灰、红是素色主义，也是简约主义的最高境界。用素色调节了冷暖色系，省去了一切繁复，成为一种精神，让人感到安静神圣。图案以几何或自然笔触为元素，或者无图案、单色系，以体现低调的宁静感，感觉沉稳而内敛。点、线、面的巧妙运用会使色彩形成恢宏的交响感。

简约主义的居室重视个性和创造性的表现，即不主张追求高档豪华，而着力表现区别于其他住宅的内容。简约主义风格在发展过程中，对苹果绿、深蓝、大红、纯黄等高纯度色彩逐步大量运用，大胆而灵活，这些不单是对简约风格

的遵循，也是个性的展
示，见图4-32。

三、材质

材料的质感对于简
约主义装饰风格十分重
要，可以说，现代简约
风格装饰的选材投入，
往往不低于施工部分的
资金支出。在选材上不

图4-32　简约主义的居室色彩重视个性表现

再局限于石材、木材、面砖等天然材料，而是将选择范围扩大到金属、涂料、碳纤维、高密度玻璃、塑料以及合成材料。金属是工业化社会的产物，也是体现简约风格最有力的手段，各种不同造型的金属灯，都是现代简约派的代表产品。

有的人认为，简约主义的居室太过冷酷和理性，并不适合有孩子的家庭选用。德国著名的简约主义设计大师格里克指出："用简洁的形式追究事物的根源和本质时，其中应加入一点非理性的东西，它是个性的来源，是人性的触摸。"正是大师的"人性的触摸"，此后给了简约主义的家庭温馨的元素，在家居中渗透了人文的关怀，让这样的家更适合孩子的成长。

简约主义认为，在家居布置和装饰上首先应该注意平面上空间的功能化分区，不要一房多用，娱乐室、卧室、客厅、餐厅要有明显的分隔。让各个房间"各司其职"，所有的家居和物件自然相应地会"各归其位"，无形中就会整洁而有条理。

四、软装饰

恰当的软装饰与家具相结合是简约主义风格的一大特色。简约主义强调功能性设计，设计要求简洁明快，线条利落流畅，色彩对比强烈。简约主义风格的家具通常线条简单，除了橱柜为简单的直线直角外，沙发、床架、桌子亦为直线，不带太多曲线条，装饰元素较少。为了以显示出家具的美感，简约主义风格主张沙发用靠垫、餐桌用餐桌布、床需用窗帘和床单陪衬，见图4-33。

图4-33 完美的软装使室内呈现美感

简约主义风格的织物装饰，不是单纯简化，而是要求织物具有文化底蕴和现代气息，既要满足人的生理、心理需求，体现便捷的行为方式，又要给人们带来美好的视觉享受。对室内陈设，简约主义提倡控制布艺、藤织品、小工艺品、手工艺品等温馨元素的体积和数量，保证居室出现的每一个装饰品都应该是"千锤百炼"的精品，体现深厚的渊源、内涵和寓意，使各种工艺品、装饰物融入室内整体环境，又显得比较醒目、讨巧。总之，软装既简约又到位，是现代简约主义风格装饰的关键，见图4-34。

图4-34 简约主义提倡每一个装饰品都应该是"千锤百炼"的精品

第九节 自然装饰风格

现代城市建筑以钢筋水泥为支撑，冰冷的躯体、灰漠的色彩，与大自然隔离越来越远。奔忙在在繁华都市里的现代人为了减轻压力，舒缓身心，迫切地需要亲近自然。在这样的背景下，自然装饰的居室风格被广泛关注。

一、基本特征

崇尚自然装饰风格的人在室内环境设计中力求表现休闲、舒畅、自然的生活情趣，非常注重表现天然木、石、藤、竹等材质质朴的纹理，并巧妙设置室内绿化，家具的覆盖，窗帘的制作，一般都用棉制布艺进行织物装饰，创造自然、简朴、高雅的居家氛围，见图4-35。居室装饰中厅、窗、地面一般采用原木材质，木质以涂清油为主，透出原木特有的木结构和纹理，有的甚至连天花板和墙面都饰以原木，局部墙面用粗犷的毛石或大理石同原木相配，使石材特有的粗犷纹理打破木材略显细腻和单薄的风格，一粗一细既产生对比、又美化居室，同时让疲劳一天的主人身处居室产生心旷神怡之感。图4-36所示的这个居室是用木制沙发椅加上涂清油的原木地板组成。这样的居室使自然装饰风格的家居设计

图4-35 自然装饰风格力求表现休闲、自然的生活情趣

图4-36 自然风格创造简朴、高雅的居家氛围

更加"田园化"，使主人不论工作、学习、休息都能心宁气定、悠然自得。当然要把这些没有生命的木、玻璃、织物、植物运用合理，并显示出生命力，给人自然、简朴、高雅的感觉，首先要求居室的主人热爱生活、热爱大自然，有对植物生命力的向往，其次要求设计师有对自然审美的素养和创造力。在这个居室中，设计师对于材料之间的把握和运用是十分成功的。除了原木家具之外，窗帘采用了棉制布艺，再加上绿色植物的点缀，营造了室内花园的氛围，体现出一种随意的生活态度以及环境与人的亲近关系，虽然身处室中，也能呼吸到新鲜的大自然气息。

二、软装饰

自然风格的室内装饰，特别注重回归自然型的织物装饰，即布艺。织物上的花型大多以自然界的动植物为主，色调一般偏向浅绿、浅黄、粉红、天蓝、沙漠黄、湖蓝等，使人们感受到大自然的情趣，享受到虚拟阳光、空气、鸟语花香的意境，见图4-37。

图4-37 在沙发区域应用独特纹样的花朵造型，体现出自然风格的特征

第十节 英国田园装饰风格

英国田园装饰风格可归属自然装饰风格一类。

一、基本特征

英国田园装饰风格在室内环境中力求表现悠闲、舒畅、自然的田园生活情趣，常运用天然木、石、藤、竹等材质及其质朴的纹理。一些花花草草的配饰，华美的家饰布及窗帘，衬托出英国独特的室内风格。小碎花图案是英国田园调子的主题，往往是一些碎花床罩、格纹靠垫，用这种既美观大方又能帮助营造温馨睡眠微环境的素雅图案来装饰卧室。英式手工沙发线条优美、颜色秀丽，注重面布的配色及对称之美，越是浓烈的花卉图案或条纹表现就越能传达出英式风格的味道。田园装饰风格能受到很多业主的宠爱，原因在于人们对高品位生活向往的同时又对复古思潮有所怀念，既感受舒适自然，体现悠闲自在的感觉，又表现出一种充满浪漫的向往，充分体现设计师和业主所追求的一种安逸、舒适的生活氛围，见图4-38。

图4-38 浓烈的花卉图案传达出英式风格的味道

二、软装饰

英国田园装饰风格含蓄、温婉、内敛而不张扬，散发出从容淡雅的生活气息。墙面多彩

用色彩比较鲜艳绚丽的壁纸或涂料，即便是白墙也挂满了各种饰物；地面多采用

实木地板（有点疤的最好）、天然石材或者是漂亮的地毯；门、窗、框和踢脚板多采用纯白色或者是木本色。田园风格一般还有一个较大面积的厨房和餐厅，橱柜和备餐台大多采用磁砖铺面，餐桌用松木板钉，显得很好看又很实用；浴室里一定保留一个露着腿的传统式浴盆，绝不用玻璃隔断；最必不可少的是满屋子的花瓶和鲜花，见图4-39。

图4-39　储蓄、内敛、温婉体现英国田园风情

　　在田园装饰风格中，布艺永远是主角。人们往往对布艺质感非常挑剔。什么地方摆哪种靠枕？何种花色的窗帘更加适合这个空间？每件东西都有自己的位置和功能。而布艺又多以碎花、格子作为图案。薰衣草、迷迭香、蔷薇……关起门就是一个花的世界。

英国田园风格色彩以安逸、稳定为主，重绿辅黄，藤制品＋原木本色家具＋本色配饰——造型简单纯朴，营造出一派乡村怀旧风貌，见图4-40。

图4-40　高背床、床头柜、床尾凳是英式风格的卧室特征

第十一节 美国乡村装饰风格

美国的乡村装饰风格具有一种很特别的怀旧、浪漫情结，强调"回归乡土"。室内环境的"原始化"、"返朴归真"的心态和氛围，体现了乡土风格的自然特征，使这种风格变得更加轻松、舒适，突出了生活的舒适和自由。回归与眷恋、淳朴与真诚是乡村装饰风格的灵魂，它简洁自然，又便于打理，非常符合人们日常的生活习惯，使用起来十分轻松舒适，因此得到文人雅士的推崇。这种风格也可归属自然装饰风格一类。

一、基本特征

美国乡村装饰风格有务实、规范、成熟的特点。以美国的中产阶级为例，他们有着相当不错的收入作支撑，可以在面积较大的居室中自由地发展自身喜好，设计案例也在相当程度上表现出居住者的品位、爱好和生活价值观。一般而言，进入了户门，就可以欣赏到家居空间中对外的公共部分，客厅、餐厅都是为了招待来宾和宴请朋友用的。

在材料上多倾向于较硬、光挺、华丽的材质。餐厅基本上都与厨房相连，厨房的面积较大，操作方便、功能颇多。在与餐厅相对的厨房的另一侧，一般都有一个不太大的便餐区。厨房的多功能还体现在家庭内部的人际交流多在这里进行，这两个区域会同起居室连成一个大区域，成为家庭生活的重心。

起居室一般较客厅空间低矮平和，选材上也多取舒适、柔和、温馨的材质组合，可以有效地建立起一种温情暖意的家庭氛围，电视等娱乐用品通常都放在这一空间中，可以想象在电视广告的声色、锅碗瓢盆的和乐、孩子嬉戏的杂音下，这"三区一体"真是其乐融融。

二、布艺

美国乡村装饰风格特别重视软装饰。卧室的床品着眼于居室的舒适性和实用性，将居住者的适合度作为首要需求；客厅或是卧室中的地毯大都华丽而昂贵，以传统的花纹居多，使视觉效果丰富，见图4-41。

传统美式风格的窗帘花色多为花朵与故事性图案，这需要非常注重与空间的和谐搭

图4-41　印有花卉、植物的布艺是美国乡村风格的元素

配。手感丰润的深色绒布窗帘与丝质窗帘最能体现古典、奢华的质感，而条纹的纯棉窗帘则充满了美式田园气息。

艺术品也是提升家居设计品位的重要元素。名贵的水晶灯、优雅的油画、贵重的藏品等，都能为家居增添更多的人文气氛，展示居者的品位、个性。

布艺是美国乡村风格中非常重要的设计元素，本色的棉麻是主流，布艺的天然感与乡村风格能很好地协调。从花色上来说，单块色（红、黑、灰、白）布艺现在不再流行，而各种繁复的花卉植物、靓丽的异域风情和鲜活的鸟虫鱼图案十分时兴。

布艺可以发挥的地方很多，首先是墙面，如果墙面的颜色过重，重新铺壁纸比较困难，那么，实现乡村风格梦的捷径就是挂上一块布，简单的做法是用泡沫和木条做成软框，然后在表面贴上整幅的布，当然也可用各色花色拼凑，这样靠墙一站就能立刻改变大房间的基调。其次是沙发和座椅，简约的直线条如果用了灰黑色，显然就是硬朗的风格，但如果大胆地使用花布，室内就有了柔和感。而不钟意的座椅，可以给它穿件"衣服"，往往就立刻变样。居家免不了充满各式各样的家电用品，如果和乡村家具不协调的话，他们就用布艺装饰法，用花布给面盆做围裙，用花布包镜子边等。

三、壁纸

壁纸也是典型的美式装修常用元素，作为高档美式室内装饰，壁纸体现了主人的品位与喜好，这里的壁纸大多选择富有机理、质地天然的纸浆制品。人们很喜欢在墙面上贴一些"表现欲"很强的壁纸，粉刷色彩饱满的涂料。涂料和壁纸的搭配使用，则使整个房间的空间立体感在无形中显著增强。与欧式家具相比，美式家具的油漆以单一色为主，其深层的颜色与刻意营造的斑驳墙面，可以让家居充满历史的气息；百叶窗也是一个经典特色，在简约中透露出优雅的气息。

四、色彩

美国乡村装饰风格的色彩选择很重要，多为复合色。本色、自然、怀旧，再配以散发着浓郁乡土风情或泥土气息的色彩是乡村风格的典型特征。色彩以自然色调为主，绿色、土褐色最为常见。木材在色彩上以原木自然色调为基础。以白色、红色、绿色、褐色为主的居室，十分重视整体色彩氛围。

五、家具

美国乡村风格的家具整体线条硬朗清晰，见图4-42。同时体积粗犷庞大，在厨房以及地毯、布艺、锅碗瓢盆等形形色色的装饰家居用品的选择上也都延续着"大主义"，这种"大"不是体积和视觉上的大，而是那样一种信手拈来的豪放。也许是因为受到美国文化构成的影响，美国的很多社会现象都是很懂得融合的，所以在美国设计中见到亚洲、欧洲、非洲的影子也就不足为奇了。美国乡村风格设计也理所当然地秉承着这种可容海川之"大"的精神，见

图4-42 美国乡村风格的家具线条硬朗清晰

图4-43 美国乡村风格的"大主义"厨房

图4-43。

美国乡村装饰风格是以灯光的协调性和富质感、款式不易被淘汰的家具来体现主人的品位。一般是先决定家具的款式和色彩,再选择相对应的装饰方案。实木餐桌、餐边柜,款式简洁流畅,只用精致的漆花装点。碎花布面的椅子和布艺沙发,是典型的美国乡村风格家具。整套居室风格淡雅、柔和,没有很复杂的吊顶。

美国乡村风格中居室内的沙发有如下特点(图4-44):

第一,具的温暖柔和的色调。由于强调居家自然风格,因此美式沙发在色彩的选用上以清爽、柔软、舒服的感觉为主。

第二,讲究平实的设计线条。美式休闲沙发并不强调创意,而倾向亲切的居家风格,注重传统的家具设计,并在材质上强调环保材料,比如使用抗菌的面料等。

图4-44 美式家具体积大多粗犷庞大

第三,十分舒适,但占地较大。美式沙发最大的魅力是让人坐在其中非常松软舒适,感觉像被温柔地环抱一般。

第四,强调随意自然的摆放。美式沙发并不特别强调成套成组的设计与摆放,更主张自由的搭配,主要强调配合个人喜好。

美国乡村风格室内装饰品多以铁艺、棉麻、陶、瓷为首选，纯粹简单甚至略显粗糙的质地，往往绘上色彩缤纷的大型花卉图案，纯木或纯石材的地面上再配以三两块来自墨西哥、尼泊尔或是中国的纯毛手工地毯，自然温馨并且十分"大气"。

六、花艺

美国乡村风格，另外一个特点是花卉装饰。花是美国乡村风格中极具代表性的元素，从床上用品到沙发、靠垫等各种纺织用品，凡带有大型或大面积花卉图案的都很有可能被美国家庭用来装饰"乡村"系列的家居，独有清新的乡间气息。对于乡村风格来说花卉的运用非常重要，阔叶或者实为男性风格的绿植都不太适合乡村风格，那么，女主妇即喜欢满天星、薰衣草、迷迭香、新娘、雏菊、月季、玫瑰等有着芬芳的香味，又随时在太阳升起时朝你开花微笑的花卉性植物，都是乡村风格中喜爱的。另外用花园里的新鲜花草，或者某一次甜蜜浪漫的家庭烛光晚餐所剩下的干燥花瓣和香料，穿插在造型简单的塘瓷瓶罐，甚至是破陶盆中都非常富有乡村气息。

最有趣的是盘子，像装饰画一般使用。当人们发现盘子"站"在壁柜当中的姿态十分优美后，盘子就被运用到室内装饰了。盘子与生俱来的质朴、不施雕琢的单纯味道，适合摆放在那些钟情乡村风格、热衷美食、喜爱花哨的家居中，见图4-45。

图4-45　盘子像装饰画一样放在室内

第五章
软装饰的设计手法

软装饰设计是建筑设计的一个组成部分，除了要考虑其实用性、经济性外，更突出的是要使它创造美的价值和效果，要使人们在观赏你的作品后，产生一种喜悦、激动、爱慕的感觉。美是如何创造的？离不开构成美的手法，这些手法是人类在漫长的社会活动中不断摸索、总结、积累形成的，其中有对比手法、均衡手法、重复手法、简洁手法和呼应手法等。

第一节　对比手法

对比手法是将两种不同的材料、形体、色彩等作为对照，通过把两个明显对立的元素，如大与小、曲与直、方与圆、黑与白、软与硬、凹与凸、粗与细、虚与实、深与浅、薄与厚、轻与重等，放在同一个平面或同一空间中，使其既对立又和谐，产生出一种生动的、变化的、富有活力的效果。这可称形态对比或曲直对比、色彩对比、肌理对比……这种效果往往会对人们的感观形成强烈的刺激，使人倍感兴奋。有时候人们在参观了一个居家后，会惊叹"这里装饰有趣味、挺生动。"这种感受实际上主要是装饰中采用了对比元素有了变化。经验告诉我们在软装饰中如果缺少变化，就会给人产生贫乏、单调、空洞的感觉。任何一个物体或形态都是在相比之下被人们认知的。比如，两种差不多大的饰物放在一起，饰物再大还是感觉不出大。因为有了大才显示小，有了小才出现大。又如多少的对比，在室内某一种植物数量颇多，另一种植物数量

很少，但都精致。数量少的往往容易突出，抓住人们的视线。当然软装饰中也不能变化太多，否则又会使人眼花缭乱，使室内失去美感。正确的做法是，作为一个设计师必须处理好对应元素之间的关系，使它们在对比中调和，在调和中对比，见图5-1。

图5-1　红、绿色彩在对比中调和，在调和中对比

对比手法内涵十分丰富，它们可以分成两种基本形式，即同时对比和间隔对比。而软装饰中比较常用的是色彩对比和肌理对比。

一、同时对比

同时对比一般所占的平面面积较小或空间较小，而且相对比较集中，效果比较强烈，往往会由此形成视觉中心或者说是趣味中心。但要防止出现杂乱无章的后果，见图5-2。

图5-2　色彩的同时对比效果强烈，往往由此形成视觉中心

1.色彩对比

在同时对比中，运用得比较多的是色彩对比。人们可能都有一种体验，在

一个空间只是用一种色彩布局，与同时用两种色彩布局，不管明度、彩度怎样变化，给人的体验是不一样的，相比较，一般人都会认为后者视觉上舒服，而前者容易出现单调，乏味的感觉。为此，室内设计师在进生空间设计时，总是会避免用单一色彩，并特别强调巧用色彩对比，既不使色彩混乱，又给人们带来视觉上的冲击。

色彩的对比有诸多的方法。按色彩的属性分：有色相对比、明度对比、彩度对比；按色彩的感觉分：有冷暖对比、轻重对比、动静对比、进退对比、胀缩对比；按色彩的数量分：有双色对比、多色对比、色调对比、色组对比；按色彩的形态分：有形态对比、平衡对比、虚实对比、方位对比。另外，还有继时对比和同时对比等。

在软装饰设计中设计师常常会对同一空间，或同一平面或同一类物体，采用两种完全对应或基本对应的色彩，进行装饰。红与绿、橙与蓝、黄与紫、黄橙与紫蓝、黄绿与紫红、橙红与蓝绿都是处于相对位置具有补色关系的两种色彩，如果把它们放在同一个平面（墙面、地面）或同一个空间内，或同一个物体上，就会给人带来很强的视觉冲击，这就是色彩对比。纯黑、纯白在色彩中不是补色关系对比，将这两种无彩色放在一起，也会产生强烈的对比效果，但这叫无彩色对比。将纯粹的红、黑、白三色放在一起，叫纯三色对比。把红、黄、蓝放在一起，也叫三色对比，这些对比的结果都特别有刺激性，有引诱力，往往成为一个空间或一个平面中最吸引眼球的地方，见图5-3。

这里要指出，在软装饰中进行色彩对比，既有上述的色相对比，还有色彩的明度对比，

图5-3　红、黄、蓝放在一起，也叫三色对比

彩度对比，综合对比。在对比中必须注意所占色彩的面积必须相近，这样的空

间才能比较协调、和谐。色彩基数
的占有面积，有一定的比例关系，
其中红色是6，橙色是4，黄色是3，
绿色是6，蓝色是8，紫色是9。在
同一空间或同一个平面的两种色彩搭
配中，为了使色彩在感觉上做到平
衡，各自面积应符合上述比例关
系。如红色与绿色各自所占面积最
好是1:1，因为它们的基数都是6。
如蓝色与橙色并置，那么各占的色
彩最好是2:1，因为蓝色是8，橙
色是4，见图5-4。

要特别注意的是色彩对比的选择
决不能失去和谐的基础，色彩过分
突出，会不生零乱、生硬的感觉。

图5-4　在软装饰中进行色彩对比，色彩面积必须相近

室内环境的对比色彩，应该经过反复
比较、妥善选择后才能决定。比如，
在居室设计中如果用了乳白色的茶几、
灯座，就应该用米色的灯罩、窗帘或
浅粉红的暗花墙纸、浅杏色的床单和
枕套作对比，整间睡房就会显得非常
醒目，见图5-5。

2. 肌理对比

肌理是指材料本身的肌体，形态
和表面纹理。各种建筑材料由于其表
面组织结构的不同，给人会带来不同
的视觉，触觉效果，反映出材料不同
的质感。比如，粗糙的毛石墙有原始

图5-5　墙壁、地面以栗色为主色调，窗帘用米黄
　　　色，显得赏心悦目

的力量感，而同样有原始感的皮毛则是温暖舒适的；光洁的水泥表面让人感到冷冰，而用刀斩过带有刀痕的水泥表面则有一种粗犷和雕塑感；金属玻璃材料会给人一种现代感、坚固感、精确感；纤维类织物都有柔软感，纯羊毛织物既可做成光滑的饰面，也可做成粗糙的物品，而摸上去都很舒服。

在现代室内设计中，设计师往往通过材料肌理与质地的对比、组合来形成个性化的、不同凡响的空间环境。

比如，家居设计中以木材和乱石墙装饰墙面，会产生粗犷的自然效果，而将木材与人工材料对比组合，则会在强烈的对比中使室内充满现代气息。这种做法有木地板与素混凝土的组合对比，也有石材与金属、玻璃的对比组合。图5-6 为汉斯·霍莱因设计的珠宝专卖店店面，金属与石材形成鲜明对比。毛石墙面近观很粗糙，远看则显得较平滑。石材的相对粗糙与木橱窗内精致的展品又形成泫然的对比。图5-7 是在一个客厅的玻璃隔断上，装上横排的规整木板，硬软对比，使隔断不再前后通透，一目了然，增加了秘密性而又柔化了空间。

图5-6 汉斯珠宝店，运用了金属与石材的对比　　图5-7 木质材料与玻璃隔断的对比组合

建筑材料的纹理有自然纹理和工艺纹理（材料的加工过程所产生的纹理）；有均匀的，也有不均匀的。每种建筑材料都有着与它固有的视觉、触觉特性。在室内环境设计中，既要组合好各种材料的肌理质地，又要协调各种材料质感的对比总体，使它既有对比又很有调谐。图5-8是上海某大不材料实验室的墙面，用细混凝土、砂石、乱石间隔排列。细混凝土显得光滑，乱石显得粗糙，中间用砂石过度，使墙面在对比中调和。

以上这些肌理对比手法在现代空间环境设计中经常使用。

图5-8　装饰要协调好材料的质感对比

图5-9　采用混泥土柱、竹帘、玻璃珠幕组合，给人带来视觉、触觉上的冲击

二、间隔对比

间隔对比往往是两个对比的元素直线距长或空间距离较远，它能有利于对空间中的视觉中心起烘托作用，并使整体构图中取得协调。在上海西区一幢建材企业的办公楼中，两个同样大小的会议室，一间用片石做壁面，另一间用大理石做壁面，前者粗糙有纹理，后者光滑无纹理，这叫肌理对比。从整座办公楼来说，它们还是协调的，但它们利用质面表面的粗糙、光滑到形成不同凹凸关系，给参观者会造成不同的视觉效果，便于参观者对这些建材进行鉴赏，见图5-9。

<h1 style="text-align:center">第二节　均衡手法</h1>

人们在日常生活中都希望周围环境以及平时所能看到的景物、画面处在一个平静、稳定的状态，否则心理会产生紧张、动荡，甚至危及生命的感觉。对于室内装饰也不例外，具有良好均衡感的设计作品，会使人们产生健康和平静的感觉，从而引出美的感觉。均衡是形式美的重要法则，这是一个古老，又十分普遍的构图形式，均衡在形态上可以分为对称均衡、相对均衡和动态均衡。

一、对称均衡

所谓对称均衡是指在一个空间或一个平面的软装饰中，假设中间存在一个轴，那么轴两边的软装饰形象是相同的或者是相似的。它的特点是给人在心理上形成一种庄严、稳重、大方、肃穆的感觉，缺点是不够含蓄、比较拘谨，往往看到了形式的一部分就可以判断出另一部分，缺乏神秘感，因而会产生单调、呆板的效果。在20世纪初期，设计界掀起的现代主义思潮中，曾对这种形式进行了最猛烈的攻击。然而对称的构图，毕竟已经过几千年的历史文化积淀，早已经深深地植根于人们的审美意识中，它又是不可废弃的。比如，我们如果要创造一个庄严而严肃的空间氛围，那么运用对称的构图形式，肯定是再好也没有了。

对称均衡是指上下、左右对称，同形、同色、同质的对称，这是一种无条件的对称，永恒的对称。采用

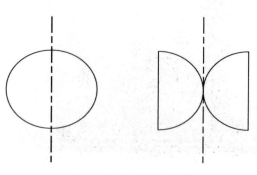

图 5-10　均衡对称示意图

这种对称方式处理室内装饰可以使无论怎样杂乱的形态都会变得秩序井然，其造型效果会显著改观，见图5-10和见图5-11。

图5-11　对称均衡的室内装饰显得秩序井然

二、相对均衡

相对均衡，是有条件的、整洁的、宏观上的均衡。在一个空间或一个居室中，软装饰设计可以在宏观上是对称的、静态的，但局部又是变化的。或在整体上很稳定，呈静态，但局部动态很强烈。再或者是假定轴的两边形态不同，或色彩不同，但经过设计两边还能保持相对稳定，这些都叫相对均衡。这是一种在非外对称形式诱导下产生的相对均衡形式，在软装饰中被广泛采用。这种相对均衡的装饰方式，在形象上或材质上、色彩上、构图上、虚实上会起到相互对应的作用。有时在不同空间中形成呼应，有时在同一空间中，顶棚与地面、桌面与其他部位形成呼应，使软装饰中取得均衡美的艺术效果。

三、动态均衡

动态均衡是一个相同或相似、相近的图形、物体，在运动中均衡，见图5-12。在动态均衡中有移动均衡，即

图5-12　动态均衡构图取得均衡美的艺术效果

图形按一定的规律平行移动后形成的对称，见图 5-13；有放射均衡，即图形以一个中心射向四周运动形成的均衡，如风车、雨伞，见图 5-14；还有扩大均衡，即图形按一定比例在运动中逐渐放大，见图 5-15。

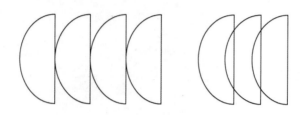

图 5-13 移动均衡示意图

图 5-14 放射均衡示意图   图 5-15 扩大均衡示意图

在以上三种均衡手法中，对称均衡的构图是完全稳定的。相对均衡和动态均衡的构图也是稳定的，但有变化，容易出现动中有静，静中有动的优美形态，故在日常软装饰中普遍采用。

均衡包含协调的意思。它是在满足功能的前提下，使各种室内物体的形、色、光、质等组合得到协调，成为一个非常均衡统一的整体。均衡还可以分为环境及造型的和谐、材料质感的和谐、色调的和谐、风格样式的和谐等。和谐能使人们在视觉上，心理上获得宁静、平和的满足。有些装饰看似有些杂乱，但细细看会显出设计人摆设的艺术个性。

第三节　重复手法

重复手法是指通过某基本的构图形成或线形的反复出现，在形象上得到连续，从而提高人们的记忆力，并增强视觉效果。这种手法在平面艺术设计中经常使用，由于有规律的反复，出现秩序感、节奏感、韵律感，会使人产生一种统一、和谐的美感，而过多的重复，同样会显得单调、乏味，见图5-16。

图5-16　装饰画重复使用，产生均一美的感觉

一、单纯重复

如果某一基本图形或线形只是有规律的简单的出现重复，这种重复会使图案产生单纯的节奏感，创造一种均一美。如现代建筑中所制造的标准化物件门窗、柱廊的重复排列及花布设计中用同样纹样图案的组合印制都是单纯重复。

单纯重复，在通常情况下，基本图形在形状、大小、色彩和肌理方面都应相同。但这样做往往使装饰显得呆板。为了避免这种情况，可以使基本图形在方向上或空间上或色彩上稍有变化，但仍重复排列，装饰还会有节奏的感觉。

在方向上的变化有五种情况，即重复方
向、不定方向、交错方向、渐变方向、
和近似方向，见图5-17。

二、变化重复

如果某一基本图形或线形不但是有
规律的重复，而是在重复中在变化，甚
至是有情调的变化，这就叫变化重复。
如一个基本图形总的趋势是从大变小，
中间可以是波浪形、起伏或渐变发展，
或者是带了一种情调在渐变，从大变到
小，这就是形成了韵律，这是节奏形式
的深化。这种韵律可以是静态的韵律，

图5-17 单纯重复产生节奏美

也可以是激动的韵律、委婉的韵律、高昂的韵律，都是带有感情的韵律，如同
优秀的交响乐一样有高潮、有低潮、有A调有B调。音乐家可以通过音乐的调
子，抒发自己的思想感情。室内装饰师也可以通过形体有规律变换，通过色彩
的调子来体现自己的创作倾向，使软装饰体现一种丰富多彩的韵律美，见图5-
18。

图5-18 变化中重复的卷草纹样尽显高贵、典雅的气质

第四节　简洁手法

　　简洁是现代建筑设计师特别推崇的一种表现手法，"少就是多，简洁就是丰富"便是简洁手法的设计观念，见图5-19和图5-20。

　　简洁不是简单。简单有可能是贫乏或单薄，简洁则是一种审美的要求，它是现代人崇尚精神自由的一种体现。在室内软装饰设计中，简洁强调"少而精"，要求在室内环境中没有华丽的装饰和多余的附加物，把室内装饰减少到最小的程度，用干净、利落的线条、色彩和几何构图，构筑出令人赏心悦目、具有现代感的空间造型，如同国画大师齐白石用最少的笔墨留出最大的空白，所画出的黑意式的美。又如著名建筑师米开朗·琪罗用干净爽朗的线条、色彩、

图5-19　干净、利落的线条，呈现现代感的空间造型

图5-20　选用最简单的白色家具配套，言简意赅，凸现简洁主题

几何图形所构筑的象征性的写美。这些都是设计构成美的重要手法。

第五节　呼应手法

在室内软装饰设计中，顶棚与地面、墙面、桌面或与其他部位，都可采用呼应的手法。呼应属于均衡的形式美，有的是在色彩上，有的在形体上，有的在构图上，有的则在虚实上、气势上起到呼应，图5-21。图5-22是笔者前年在日本东京一个旅馆拍摄的走道照片，这个环形走道很长，采用黑白两色及装饰物前后呼应、延续，十分雅致。这种呼应手法运用在空间中，使空间获得了扩张感或导向作用，同时加深了人们对环境中重点景物的印象。

图5-21　顶棚与墙面、桌面在形态和色彩上的相互呼应，形成热烈气氛

图5-22　采用黑白两色及装饰物前后呼应，具有扩张感和导向作用

参 考 文 献

[1] 来增祥，陆震纬. 室内设计原理（上、下）[M]. 北京：中国建筑工业出版社，1997.

[2] 孔键，范业闻. 现代室内设计创作视野[M]. 上海：同济大学出版社，2009.

[3] 范业闻. 新编现代居室设计与装饰技巧（修订版）[M]. 上海:同济大学出版社，2008.

[4] 龚建培. 装饰织物与室内环境设计[M]. 南京：东南大学出版社，2006.

[5] 上海美术家协会编. 家——从传统到现代[M]. 上海：上海辞书出版社，2004.

[6] 黄国新. 凝固的音乐——现代建筑艺术欣赏[M]. 上海：同济大学出版社，2006.

[7] RELAXING SPACES[R]. [s.1.]SHOTENEENCHIKU-SHA CO., Ltd. 2005.

[8] JAPAN, PLANING ASSOSIATION CO., LTD. TOKYO restaurant design collection[R]. [S.L.]:JAPAN, PLANING ASSOSIATION CO., LTD, 2005.

[9] SHOTENEENCHIKU-SHA Co., Ltd. Relaxing spaces[R]. [S.L.]: SHOTENEENCHIKU-SHA Co., Ltd, 2005.

后 记

我们今天的社会，也可以说是一个后现代社会，在现代工业、科学技术大大发展以后，人们对室内设计的要求已经不再局限于其实用功能的体现，而是更加注重对环境氛围、文化内涵、艺术质量等精神功能的考量。在这样的背景下，室内软装饰必然异军突起，而且会越来越受人们关注。因为惟有软装饰才有可能把每一个空间的家具、陈设、植栽、饰物以及光影、色彩、图案等，通过完美的设计手法，将他们有机地融会成一体。软装饰可以用来异化空间、塑造空间、丰富空间，从而在更高层面上满足人们同时对物质生活和精神生活的需求。

由于教学工作的需要，近年来笔者对软装饰进行了一些考查和研究，现应出版社盛情邀约，将所积累的知识、体会、资料，整理成书，时间仓促，难免有不当之处。我的想法只是抛砖引玉，希望由此得到同行专家、学者的指教。

本书是同济大学建筑学孔键博士主编的《现代室内设计创意丛书》中的最后一部，前三部是：《现代室内风格设计》、《色彩文化与色彩设计》、《现代室内光环境设计》均已出版。

本书在撰写过程中，参考了不少前辈学者的论著，引用了一些专著的图片和专业广告资料，特别是图片，有的信手拈来，就给学生们讲课，没有去注意出处，现在应邀出版，无法与有关作者取得联系、致谢，在此特向在本书参考文献中未标注的专家、学者、企业家有关人士表示深深的歉意，并致以崇高的敬礼！本书疏漏之处一定不少，恳请广大设计人员、读者，不吝指教。

本书撰写过程中孔键、黄国新、袁铭、张静、汪龙芳、陈韵理、黄鞴、茅静燕、姚允秀等同志都帮过忙，有的还提供了资料，在此一并表示诚挚的感谢 。

范业闻

2011.8.20